浙江省社科联人文社科出版重点资助项目
浙江省社科规划一般课题(科普读物)-19KPCB02YB

浙江海洋文明史话

白　斌　顾苗央　著

浙江工商大学出版社
ZHEJIANG GONGSHANG UNIVERSITY PRESS
·杭州·

图书在版编目（CIP）数据

浙江海洋文明史话 / 白斌，顾苗央著． — 杭州：
浙江工商大学出版社，2020.6
ISBN 978-7-5178-3784-8

Ⅰ.①浙… Ⅱ.①白… ②顾… Ⅲ.①海洋-文化史
-研究-浙江 Ⅳ.①P7-092

中国版本图书馆CIP数据核字（2020）第050232号

浙江海洋文明史话
ZHEJIANG HAIYANG WENMING SHIHUA

白　斌　顾苗央　著

责任编辑　张晶晶

封面设计　林朦朦

责任印制　包建辉

出版发行　浙江工商大学出版社
　　　　　（杭州市教工路198号　邮政编码310012）
　　　　　（E-mail：zjgsupress@163.com）
　　　　　（网址：http://www.zjgsupress.com）
　　　　　电话：0571-88904980，88831806（传真）

排　　版　杭州红羽文化创意有限公司

印　　刷　浙江全能工艺美术印刷有限公司

开　　本　710mm×1000mm　1/16

印　　张　14.75

字　　数　300千

版 印 次　2020年6月第1版　2020年6月第1次印刷

书　　号　ISBN 978-7-5178-3784-8

定　　价　68.00元

序

中华文明从地域上讲可理解为农耕文明、草原文明和海洋文明，诸多学者认为发源于黄河流域的农耕文明是中华文明的主体，而草原文明和海洋文明则是中华文明的重要组成部分。因此由来，黄河流域的农耕文明，在其影响过程中逐渐与草原文明和海洋文明共同组成我们今天所熟知的中华文明。从演变路径上可以看出，中国的海洋文明是农耕文明在向海洋延展的过程中逐渐形成的，而西方国家的农耕文明则是海洋文明在向大陆扩张的过程中逐渐形成的。形成路径的不同使得中国的海洋文明与西方国家的海洋文明有着不同的发展特征。

首先，中国的海洋文明是农耕群体向沿海及海洋延展中逐渐形成的，其天然具有农耕文明的特征。浙江海洋文明的形成和发展都是建立在中原地区移民与沿海土著居民逐渐融合的基础之上的,其群体向海洋的延展更多的是由于人文地理环境恶化之后的被动选择,而不是主动地走向海洋。换句话来讲,中国海洋文明范围的拓展是建立在中原地区战乱和区域人地矛盾基础之上的。前者使得大量北方士族南下移民到浙江沿海,带来当时较为先进的生产技术、地方治理模式及农耕文明传统;后者则迫使大量沿海群体向海洋延展,从沿海到海岛,再到海外,沿着海洋贸易航线逐步向外移民,其生产活动、日常生活与文化习俗构成了中国海洋文明的轮廓和海洋文化的主要元素。

其次,中国的海洋文明是在农耕政权扩展治理范围中逐渐形成的,海洋文明的发展过程,一直受到以农耕思想为主体的国家机器的制约和限制。随着大一统政权的建立,秦汉等政权逐渐完成了对中国沿海地区的政治治理。在海洋经济萌芽和发展的过程中,中央政权对海洋的态度更多的是放任和有限管理。随着中国沿海经济的发展与海洋活动的日趋频繁,特别是中国经济重心向南方的转移,国家日益重视对海洋活动的管理。宋元时期,除海洋盐业活动外,海洋贸易也逐渐纳入国家管理范畴,朝廷还设立专门的机构来管理和规范海洋贸易活动。不过明清时期,随着中国边疆与海疆问题的日益严重,在国防力量有限的制约下,国家对海洋的管理日趋保守,海洋贸易活动受到更加严格的限制。而从晚清以后,随着国家的对外开放及确立了追赶世界先进国家的目标,海洋经济的开放式发展成为政治共识。

最后,中国的海洋文明是在农耕文明向海洋延展并适应海洋人文环境的基础上逐渐形成的。中国海洋文明社会与农耕文明社会的紧密关系使人很难区分两者的边界。不少从事捕捞的渔民本身也从事农业生产活动，而完全从事海洋生产活动的群体，在中国海洋文明发展过程中的比例是非常低的。大一统的政权也使得海洋文明与农耕文明之间的交流受到交通的限制，国家级的水运和陆路网络使得中国沿海与内陆的人员流动频繁，在此基础上所形成的海洋文明很多都拥有农耕文明的特征。

看了白斌博士的新作《浙江海洋文明史话》，对他书中所涉猎历史视角的浙江海洋管理相关研究成果颇为赞许之时，也想起七年前的往事。我和白斌博士相识于2012年秋季，当时他协助浙江省海洋文化与经济研究中心主办海洋文化年会，并通过中国海洋大学与我取得联系，向我约稿。可惜的是当时因为时间冲突没能去宁波参加年会，但白斌博士之后一直与我保持学术联系。第二年，在时任中心主任张伟教授的邀请下，我拜访了宁波大学和浙江省海洋文化与经济研究中心，和白斌博士进行了第一次面对面的交流，他对中国海洋文化研究的热情与执着给我留下了深刻的印象。我想，这本《浙江海洋文明史话》，正是白斌博士不忘初心的一份见证。

2019年，我所在的单位天津大学海洋战略研究所获批一项教育部哲学社会科学研究重大课题攻关项目，题目为中国海洋遗产研究。中华民族沿海先民在漫长的历史发展与海洋开发过程中留下了丰富而有价值的海洋物质与精神文化遗产，再加上独具特色的海洋人文景观和水下沉船文化遗产，构成了中国海洋文明史的历史基础。我国是正在日益走向世界中心的陆海大国，深入探索与挖掘海洋文化遗产，对于彰显我国海洋大国和文化遗产大国的地位，从文化自信角度力证中国海洋文化在世界海洋文明中的地位与作用，都是必要的。而白斌博士的新书《浙江海洋文明史话》，应该说是近十年来浙江海洋文明研究成果的集成，他在书中用通俗的语言展示了浙江海洋文化遗产的内容，并以专题的形式展示了海洋文明的立体形象。我很欣慰在我们努力建设海洋强国的今天，中国海洋文明的研究成为学术研究的热点，尤其是不断涌现出许多具有典型地域特点和综合发展视域的海洋文化研究成果。白斌博士作为一名青年学者，能够淡泊明志，默默耕耘于此中，亦谓之难得。我在向他表示祝贺的同时，也随笔写了这篇简单小文表达想法。

应白斌博士之邀，是为序，不登大雅，聊表关切。

刘家沂

于天津大学海洋战略研究所

目 录

引 言

　　浙江海洋文明的演变漫长而又丰富多彩，其发展演变包含诸多分支和内容，其中自然与人文地理环境、国家海洋政策变化、区域海洋经济发展和多元海洋文化构成了浙江海洋文明的框架和主体。

　　浙江海洋文明孕育和发展的基础是自然与人文地理环境。浙江东靠大海，北部宁绍平原和杭嘉湖平原隔钱塘江相望，南部台州和温州沿海则多为山地。浙江沿海丰富的海洋生物与矿产资源使得早期浙江沿海先民在不断的尝试中逐步扩大对海洋渔业资源和海洋盐业资源的利用，以海洋捕捞为主的海洋渔业经济与以海洋制盐业为主的海洋盐业经济逐渐发展起来并形成规模。浙江沿海境内河流大多自西向东流入太平洋，这使得早期浙江沿海的交通多以水运为主。唐宋时期，浙江修建了与京杭大运河相配套的江南运河和浙东运河。自此，浙江沿海的货物或直接通过海运运往杭州港，或运往宁波通过浙东运河转运杭州，再走江南运河转往长江流域及沿运河的北方各省。独特的航运特征使得宁波渐次成为浙江最大的沿海港口城市。近代以来，随着现代轮船航运业的发展，浙江沿海传统的帆船业并未出现衰退，而是和现代航运方式一起构成浙江沿海人员与货物流动的载体。在推动沿海城市发展方面，海洋贸易与航运的贡献非常突出，大量沿海城市与市镇都是在港口经济发展的基础上逐步扩大其城市规模的。其中的温州和台州也是在港口与海洋贸易发展的基础上逐渐推动了区域城市的建设。浙江早期人口主要是越人。春秋战国时期，随着浙江的开发，大量中原族群开始向浙江沿海迁移，推动了区域经济的发展。秦汉与宋元时期，因中原地区的战乱使得大量北方士族南迁，不少望族迁移到浙江沿海并定居下来。浙江沿海人口的增加不仅推动了区域经济和城市的发展，也孕育了丰富的海洋文化。整体而言，浙江沿海人口的迁徙是从浙北向浙南再向浙东沿海逐步扩散的，同时区域经济的发展也呈现出与人口扩散基本一致的态势。明清时期，浙江沿海人多地少的压力使得不少人从事海洋贸易等涉海经济活动，也使得部分人漂洋过海前往东南亚及更远的地方寻求发展。这种在生活压力下的被迫迁徙一直持续到 20 世纪上半叶才逐渐减少。与之相对应的是，晚清以后，不少地方士绅面对时局的变化，纷纷将子女送出国学习，其留学地有最早的欧美国家，也有后来的近邻日本。这种主动适应社会变化的特征使得浙江商帮在近代逐渐崛起并影响国家的发展方向。

国家海洋政策的变化是浙江海洋文明演变的另一条主线。中国早期的海洋政策对居民海洋活动整体是持放任的态度，特别是在浙江沿海还未完全开发的秦汉时期，政府对浙江沿海的管控能力是非常薄弱的。无论是海洋贸易还是海洋资源利用，在未规模化之前，从中央到地方政府基本都是不加干涉的。除此之外，政府往往会组织大规模的船队从事海上贸易，探索海上航线，为区域海洋经济的发展奠定了基础。唐代以降，浙江沿海贸易的发展与海洋盐业的开发，使得国家开始设立专门机构来管理浙江沿海经济活动。不过这一时期的管理更多的是为增加国家财政收入服务的，这一点在唐代对浙江沿海的盐业管理和盐政改革中得到了明显的体现。宋元时期，政府开放性的海洋政策极大地鼓励了浙江海洋贸易的发展。无论是官方还是私人都投入了极大的热情到海上贸易活动当中。以官方为例，除了加强对海洋进出口货物和人员的管理，更是通过建设强大的海军来维护海上秩序，为私人海上贸易提供了很好的外部环境。同时，政府集中人力、物力和财力建造大型海船走访东北亚和东南亚国家，一方面加强外交联系，另一方面探索安全的远洋贸易航线。明清时期，由于西方殖民者的东来和沿海海防问题，国家海洋政策趋于保守，私人海上贸易受到严格的限制，国家对海洋的管控也在逐渐收缩。纷乱的海上秩序和多如牛毛的海盗不仅严重威胁海洋贸易，也对近海渔业与盐业生产造成破坏。在生存压力下，更多的人被迫违反海洋禁令从事走私贸易，更有不少人受胁迫或主动参与海盗活动。这种海洋秩序的混乱一直延续到20世纪中期才逐步好转。

海洋经济发展是影响浙江海洋文明演变所不可或缺的内容。浙江沿海活动大多是围绕经济活动展开的。早期浙江沿海先民的活动都是基于生存的需要，将其活动的足迹从海岸线向潮间带、近海和远洋逐步扩展的。浙江沿海人口的扩张也按照这一顺序自北向南延伸。在相当长一段时间里，除了专门从事海洋盐业生产的盐民，大多数参与海洋渔业捕捞与海上贸易活动的群体都同时从事沿海的农业生产。在海洋资源未得到充分开发，人口规模与土地承载量的矛盾还未严重激化之前，不少在浙江沿海从事农业生产的居民在农闲时期也参与海洋渔业捕捞等海洋经济活动，这就是我们常说的"半耕半渔"。直到现在，在浙江沿海及岛屿上的许多从事捕捞的渔民也同时兼顾农业生产。不过与早期只种植水稻所不同的是，明清以后，浙江沿海的农业生产相当一部分种植的是红薯、土豆、南瓜和玉米等可以在较恶劣环境下生长的农作物。随着人口的增加与人地矛盾的激化，自明代中期开始，相当一部分浙江沿海居民开始从事专业化的海洋渔业生产与海上贸易活动，这就是所谓的"靠海吃海"，这种情况在多山少地的台州和温州沿海区域更为突出。与海洋盐业生产由政府直接管理所不同的是，海洋渔业与海洋贸易活动的主体都是私人。在诸多因素的影响下，与海洋造船业的逐渐式微相反，浙江海洋渔业与海洋贸易在政府严格的海洋政策下其规模与产值仍呈上升趋势。不过遗憾的是，在失去与其他国家直接从事海洋贸易的资格后，浙江以港口贸易为主体的临港经济尽管得到了进一步发展，但无论其速度还是规模都开始逐渐落后于紧靠长江口的上海。宁波港至此逐渐失去了长三角区域海洋贸易港口的主体地位。这种港口地位的变化在近代对浙江沿海经济发展的影响是十分明显的。在上海的虹吸效应下，以宁绍商帮为主体的浙江商帮将经济活动的重心转移到上海。在浙江金融资本的支持下，大量企业和服务行业在上海建立，不少浙江沿海居民及相关人才纷纷移居上海。近代浙江海洋渔业、海洋造船业与海洋贸易现代化的艰难与此有着不可忽视的关系。在浙江沿海从事现代海洋渔业生产的渔轮大多来自上海，现代化的轮船运输企业也大多来自上海，浙江沿海贸易产品也大多通过上海中转出口到世界各地。

第 一 章
浙江海洋渔业盐业管理

渔和盐，作为传统中国最早的海洋资源，历代政府对沿海渔业与盐业资源开发和利用的态度差异甚大。直到20世纪初期，浙江乃至中国在海防压力及海权纠纷下才开始逐步设立海洋渔业的管理机构，并在民国时期日渐完善。不过由于政府更迭，直至1937年抗战全面爆发，政府渔业管理机构在浙江海洋渔业发展过程中所起到的作用仍不甚重要。整个民国时期，浙江海洋渔业管理机构的职能和职责仍在不断探索之中。与之相反的是，作为与民众日常生活休戚相关的盐业在战国时期就被纳入政府管理体制之中。自秦汉以来，无论是海盐还是内地出产的食盐，都在政府的严格控制之下，其管理模式已然成熟。民国后，盐税更是政府财政收入的重要组成部分。以浙江而言，盐业管理分为行政和稽核两个系统，更有盐税警察防止私盐贩卖。在政府海洋管理体制中，海盐管理一直是重中之重。

第一节　浙江海洋渔业管理

　　中国渔业政策及渔业经济早在春秋战国时期就已经产生，当时出现了管理渔业的官员。在唐代，山东、浙江等地的海洋渔业经济较为发达，其出产的水产品每年都要作为贡品运往京师，但由于中国大陆农业经济的主体模式，涉及海洋渔业政策的出台却要到唐代以后。作为盐铁专卖的一部分，海盐的管理在很早以前就出现了。对沿海渔民的管理也和内地居民一样，以保甲制度的形式将其纳入国家人口管理体系当中。一直以来，海洋渔业政策都是作为附属内容隐含在盐铁政策、户籍政策、海防政策之中的。就海洋渔业界而言，独立海洋渔业政策出现的时间当在明代中期，政府针对出海捕鱼船只从政策上进行规范，而真正出现管理海洋渔业的专职部门要到1900年之后。1904年江浙渔业公司的设立，标志着中国引进外来海洋渔业政策以推动渔业经济现代化尝试的开始。民国时期，浙江海洋渔业管理最初是由国民政府实业部渔牧司主导，具体活动是推动渔民自身组成团体在进行海洋作业时保证自己的安全。同时，实业部渔牧司也积极推动现代海洋渔业技术的革新和渔业公司的组建。南京国民政府成立后，浙江省建设厅积极推动浙江渔业合作社事务，以期改善浙江沿海渔民的生计，保持社会稳定。实业部则从渔业生产技术推广、水产品流通、渔业金融等方面推动浙江海洋渔业的发展。

一、古代浙江海洋渔业管理

明清时期的浙江海洋渔业管理在宋元时期实施的海洋政策的演进中不断完善,从最初对渔民和渔船的管理,逐渐增加了对渔业区域管理的内容。随着海洋渔业经济的发展,浙江海洋渔业管理所针对的渔民从沿海大陆渔民扩展到海岛居民、渔业团体,也包含了渔民教育;渔船从船制本身扩展到船只搭载物规范、动力渔船捕捞及相应公司体制的规范;渔业区域从渔业捕捞范围、海洋渔业秩序稳定到政府对渔业生产活动的干预。

(一)沿海渔民管理

浙江海洋区域渔民既包括终年专职捕捞水产品的渔民,也包括仅在特定时间内加入捕捞行列的沿海居民。前者大多散居沿海各岛屿,少部分以船为家,漂泊海上;后者既有居住在沿海的居民,也有受雇从事渔业捕捞的内地居民。从区域分布来看,浙江从事渔业生产的渔民既有本省渔民,也有江苏、福建从事跨区域捕捞作业的渔民。政府对海洋渔民的管理是将渔民分为专职渔民和沿海居民两部分来看待,区域差异在海洋渔民管理中并不明显。

对于终年从事海洋捕捞的渔民,明初对全国各地水域专门从事渔业生产的渔民设立了专门的渔户户籍。渔户户籍与军户、匠户等户籍一样,属于世袭性质。对沿海居民而言,明清政府实施的保甲制度在各区域都是一样的,即十户为一甲,设甲长一名,十甲为一保,设保长一名等。而随着清政府对沿海岛屿开发禁令的逐渐放开，浙江海岛保甲政策最先在雍正年间浙江总督李卫开发玉环岛的过程中实施。对于终年在海上漂泊，以船为家的浙江沿海渔民，其针对性保甲政策的实施要到清代中期。从演进路径来看，浙江海洋渔民保甲政策覆盖的范围随着渔民活动区域的扩大呈现出由滨海地区向沿海岛屿扩张的趋势。渔民保甲是海洋渔业管理的根基，因为国家对于渔船、渔业区域的规范管理都在此基础上实施。直到今天，从渔民保甲衍生出来的渔民户籍仍是海洋渔业政策实施的重要凭借。站在政府的角度，渔民保甲政策的实施主要是为了保证政府对于沿海区域的控制力及确保海洋区域的稳定。除此之外，涉及渔民管理的政策还有面临外部威胁时的军事动员。在国家面临海上威胁的时候，政府在加强对渔民管制的同时，也尽可能地将其纳入海防体系之中，而类似的政令在明朝初期就曾多次出现。另外，浙江沿海渔民在历次海战中皆有参与。据文献记载，在晚清中英鸦片战争期间，钦差大臣江苏巡抚裕谦就曾命令沿海渔民伏击英军船只。而在中法战争期间的海战中，中法双方皆有利用浙江沿海渔民参与军事行动的记载。综观明清两朝海防史，在每一次海上威胁出现的时候，浙江沿海渔民就会作为后备军编入海防力量，这已成为定式。中日甲午战争后，清廷命令沿海府厅州县及各防营在沿海设立渔团，在动员渔民保卫海疆的同时，以免其被敌人利用。到了民国，现代渔业与警察机构设立后，渔团即被撤销，其涉及渔民的管理主要是通过职业教育模式与合作社提高渔民的劳动技能，推动传统渔民的现代转变。

（二）沿海渔船管理

政府涉及沿海渔业生产工具的规制要到明代中期才出现。时任福建兵备副使的宋仪望在剿灭倭寇后，获朝廷许可将浙江渔船列入海防的辅助力量,并对浙江温州、台州、宁波等地渔船的大小和载重做了规范。到清初开放海禁后,政府对浙江沿海渔船的管理变得愈发细致,其内容涉及渔船的制造、渔船的大小和颜色、渔船装载物、渔船捕捞与执照等内容。沿海渔民在建造渔船之前,必须先上报政府,经审核确认后,在地方邻里的担保下建造,最后由政府验收发给执照。渔民造船的顺序是:①报州县申请造船;②邻里画押保结;③造船;④报县验明船制;⑤州县发给船照。在船只制造过程中,决定船只大小和远洋能力的是梁头和船桅数量。清代初期,政府规定出海捕鱼船只用单桅,梁头不能超过一丈,船员不能超过20人。不过,清代关于渔船大小规定的内容,主要针对的是出海渔船,内港容纳五六人的捕鱼小船,不在此规定内。值得注意的是,中央政府放开渔船规制后,浙江省的渔船建造尺寸到清末基本没有超过清初的规定。就地方政府而言,渔船大小是其征收船税的主要依据。

对于打算出海捕鱼的船只,首先要按照政府的规定在本地由保甲长担保之后才能出洋。出海前,渔船则要按照规定编号涂色,并不得搭载违禁物品。而对于违禁品的限定,明清两朝是非常严格的。明代出海渔船不得携带贵金属兵器及走私货物,前者是出于海洋安全的考虑,后者是国家控制海上贸易的体现。清代的限定更为严格,其违禁品增加了钉铁、米谷等日常用品。而渔船出海的人数不能超过20人,人均每天携米不超过二升。从这些规定大多出自兵部和刑部,我们可以推测出,这些法令的出台与海上安全有着密切关系。到了近代,这些禁令开始逐渐取消。

此外,出海渔船还要申请渔船执照。渔船执照的内容包括船主、船员的年貌、籍贯以及出海时间等信息。渔船执照,是渔民从事海上捕鱼作业的凭证,从其记载内容看,同时也是沿岸官弁和水师巡查的重要依据。任何无照船只,或人照不符的船只,都将受到惩处。清代浙江渔民执照的领取一般由船户所在渔帮或渔业公所统一从各县衙领取,然后发放到船户个人手中。与之相对应的是渔民的渔照费也由渔帮或渔业公所统一征收，然后上缴县府。在此过程中，渔帮或公所头面人物往往借此向渔民索要额外费用。晚清江浙渔业公司成立后，其下属渔船只要出具公司渔照，即能获得公司护洋船只的保护。而同时，渔船在申领执照的时候，除了执照费，还需上缴护洋费用。这两种税费曾一度是地方渔业组织正常运行的主要来源。其后直至民国，负责执照发放的政府机关不断更换，但是渔民对于执照的领取依然需要通过地方的渔业组织。

（三）渔业区域管理

宋元时期，除海上军事行动的临时管制外，浙江沿海渔业生产活动本身不会受到政府的干扰，政府的关注点主要在渔业的税收上。元代经常性的海上军事活动，使得这一时期对海洋渔船出海的临时管制趋于频繁，但对海洋渔业生产区域本身的常态化管制则是在明代之后。

明清初期，政府都曾下令将沿海岛屿居民内迁，以加强政府对沿海居民的管控。与此相配套，这两个时期的政府都曾下令，禁止渔船出海捕鱼。在此期间，浙江渔禁有过一段松动期。尽管清初渔禁实施时间较明初更短，但执行及惩罚力度远超明代。除此之外，政府在清剿海盗与海上冲突期间对渔船的出海时间进行了限定。渔船出海以十艘船为一个船队，一船为匪，其余九船连坐。从某种意义上说，这是陆地村落普遍实行的"株连九族"法律制度在中国沿海渔村的翻版。

另外，明中后期，江浙水师的海上巡防都会考虑到沿海的鱼汛作业，其海上防卫的效果，不仅关系到渔业作业的安全，也关系到海上防卫自身。清初开海之后，来自外界的海防压力消失，水师对渔业的海上管理，主要集中在维持正常的海上渔业秩序，防止海上渔船劫案的发生上。因此，沿海水师的出巡时间基本和鱼汛重合，其目的就是保证正常的海洋秩序。尽管如此，基于各种因素，从嘉庆年间爆发的海盗问题一直到民国时期都未消除。到晚清时期，为了保证鱼汛期的正常捕鱼作业，每年地方官员与各渔业公所都要组织力量，对出海作业的渔船提供保护。在沿海水师无法保证正常出海活动船只安全的情况下，对于渔船出海作业的保护，逐渐由渔帮、渔业公所或渔团出面雇佣兵船（或武装商船）来执行。

明清时期政府对浙江海洋渔业区域的管理经历了管制、保护、干预的发展过程，在此期间，政府的意图和职能也经历了从放任到主动推动海洋渔业生产的变化。这一变化，紧随中国近代的现代化历程，加快了浙江乃至中国海洋渔业由传统向现代的转变。

二、民国时期浙江海洋渔业管理

中国现代渔业管理职能部门的出现始于1901年晚清政府的官制改革。在当时内忧外困的环境下，清廷开始仿照西方现代管理方式对中央及地方政府架构进行变革，渔业被纳入农商部的管理范畴。辛亥革命后，中华民国政府继承了清王朝的政治遗产，其官制也得以保留，并有了相应的调整。在整个北京政府时期，海洋渔业的管理仍处在上层建筑的调整时期。南京国民政府时期，在中央政府的指导下，省级渔业管理部门日益完善，这在随后的浙江渔业现代化改革中起到了非常重要的作用。而浙江省渔业管理部门在经历了持久的抗日战争影响后，仍旧在浙江海洋渔业经济恢复过程中发挥了重要作用。

（一）抗战之前的浙江海洋渔业管理

作为拥有渔船近万艘、渔民近百万的东南渔业大省，浙江海洋渔业管理在古代一直由各府县及渔业民间组织代行职能。民国时期，浙江现代渔业管理体制开始孕育。1920年，浙江省公署在定海设外海渔业总局，在台州临海、温州永嘉设分局。作为浙江渔业行政管理机关，浙江外海渔业局的职能主要有五个方面：肃清海面盗匪；筹办远洋渔业；巩固海权；整理原有渔业公所护渔船及渔船牌照；提倡与改良本省渔业生产技术。不过在实际运转当中，外海渔业局仅开过四次会议，虽提出很多建议，但最终徒托空言。最后，该局于1926年被裁撤。南京国民政府成立后，浙江海洋渔业由实业部渔牧司和浙江省建设厅双重管理。

1929年，南京国民政府公布《渔业法》，其中第2条规定：海洋渔业的中央管理部门是农矿部；各省管理部门为农矿厅，没有设立农矿厅的则划归建设厅管理；地方管理机构为渔业局，没有设立渔业局的地方则由县政府管理。基于此，浙江省法定的渔业管辖机构是浙江省政府下属的建设厅。作为沿海渔业大省，浙江省政府在民国初期就积极配合中央海洋渔业管理部门推动本省的渔业经济发展与技术推广。除协助实业部建立定海渔业技术传习所与浙江水产试验场外，浙江省渔业管理部门还积极推动本省的渔业合作运动，希望通过渔业生产的规模化和组织化来提高本省海洋渔业经济的竞争力。相比于其他沿海省份，浙江省政府对渔业合作社的推动更加积极。1935年2月，建设厅将农业总场、第四科及合作事业室，合组为农业管理委员会，设合作事业管理处。这一时期，浙江省建设厅承担的渔业管理职能主要有渔业技术的推广与渔业合作社的孵化工作。1936年5月，随着上海鱼市场的成立，护渔办事处及其他地方渔业管理部门也随之撤销。在此背景下，1936年6月4日，浙江省政府成立渔业管理委员会。同时为提高渔民福利，充实护渔力量，时任浙江民政厅长的徐青甫将浙江沿海护渔事宜，全部归于水警第二大队，以便统一指挥。浙江省渔业管理委员会下设保卫、经济、指导三个组：保卫组主要管理警队、船舰、枪械、气象报告、海事通讯等渔警事项，兼管辖水上警察第二大队；经济组主要处理渔业金融、受灾救济、渔业用盐和水产试验、调查统计等工作；指导组的工作主要是负责渔船保甲编组，管理渔民团体及渔村教育，处理纠纷等，并在重要渔区设立办事处或其他附属机构。

（二）抗战时期及战后浙江海洋渔业管理

随着抗日战争的爆发，浙江重要渔区所在地相继沦陷，浙江省渔业机构也相继撤销。战前隶属建设厅的浙江省水产试验场，自省会杭州沦陷后，曾一度迁往绍兴，最后在1937年2月被迫停办。隶属于浙江省政府的渔业管理委员会则合并于建设厅，该委员会在定海、海门、永嘉所设的三区渔业办事处，分别改称为建设厅第一、二、三区渔业管理处。宁波沦陷后，第一区渔业管理处相应裁撤，第三区改为第一区，第二区不变。随着战事的波及，浙江省渔业继续衰退。鉴于此，在战争初期，浙江沿海各县积极从事渔业救济工作。浙江省政府亦于1940年10月9日颁布了《浙江省建设厅奖励渔业暂行办法》及《浙江省建设厅管理鱼行暂行办法》，以规范渔业产销，促进渔业经济的发展。此外，1943年2月25日，浙江省政府奉农林部、社会部令，饬沿海各县派员密切联系各渔业团体，以争取战地渔民内向及渔产内移，并且明确关于救济和援助受到敌方、伪军、匪盗侵害的渔民，应该由该管辖县政府和有关机关参照行政院颁布的《非常时期救济渔民办法》《战时沿海渔民管理救济办法》及省政府颁布的《救济渔业办法》根据实际办理。

1945年8月15日，日本投降后，浙江省政府主席黄绍竑发出浙江省政府主席行辕代电（辕建字第228号），下令浙江各县政府将敌伪所有财产物资切实查封保存，并将经办情形暨财产状况进行汇报。10月12日，浙江省政府派浙江省党政接收委员会代表、省合作供销处办事员顾殿臣会同各县办理查封接收业务。与此同时，浙江省政府会议提出集合渔业人士组设"官商合办宁波鱼市场股份有限公司"，简称"宁波鱼市场"。1946年初，隶属于省建设厅的浙江省渔业局在定海县城关大校场正式成立，负责推广渔业，编组渔港，提高渔民福利，并负责监督考核各渔业团体的日常活动。4月，由浙江省第三区渔业管理处筹备成立宁波鱼市场，拟定以接收敌伪宁波鱼市场财产作为官股五百股入股宁波鱼市场，由渔业管理处作为官股所有权的主体。5月1日，官商合办宁波鱼市场股份有限公司正式成立，呈报浙江省政府建设厅登记。嗣后奉农林部核示宁波设置二等鱼市场，并由省建设厅组织当地渔民一起筹备。后由李星颉会同渔业局局长饶用泌对宁波鱼市场进行整组，并于9月26日举行创立会，修改章程。9月27日，浙江省政府建设厅核定《官商合办宁波鱼市场鱼货交易暂行规则》。同年7月17日，农林部江浙区海洋渔业督导处致函浙江省政府，提出为谋求捕鱼业救济物资的合理分配运用，并使捕鱼业得到长足发展，沿海各重要捕鱼区应考虑普遍成立捕鱼业合作社。另外，由于战时浙江渔业饱受摧残，使得战后浙江海洋渔业经济衰落，生产无法继续，渔村民生凋敝，亟须政府重新办理渔业贷款，以维持渔民生计。为此，浙江省政府积极筹措资金办理渔贷。1946年，由浙江省渔业局、浙江省水产建设协会请得国民政府中央批准浙江省渔贷十亿元（即1947年春汛渔贷）。除中央贷款外，地方政府也通过担保直接向银行借贷，如1947年春夏汛期间，在舟山沈家门普陀渔区，浙江省渔业局向银行洽借，由浙江省建设厅承还担保，月息八分，期限三个月，发放渔贷九千七百万元。战后浙江渔业管理机构的努力在一定程度上帮助了海洋渔业经济的恢复。1948年6月，浙江省渔业局迁往杭州。同年7月，渔业局迁往宁波，8月又迁回定海，1949年5月停办。

第二节　浙江海洋盐业管理

浙江海洋盐业管理的历史早于渔业管理。随着浙江沿海盐业资源的开发，国家对于盐业的管控力度逐渐增加，其管理涉及从生产、流通到销售的全过程，其中产生的盐税收入构成国家和地方政府财政收入的主要来源。唐代开始，浙江对海洋盐业生产的管理是日趋严格的，盐民的人身自由逐渐丧失。但与之相对的是，海盐的流通则由官府售卖转为引入民间商人经营的方式。民国以后，政府力图通过对海盐的流通和盐业生产技术的变革来提高盐业生产效率，进而增加盐业税收。

一、古代浙江海洋盐业管理

食盐自汉代开始就被纳入政府管制范围，为加强财政收入，历代政府都会严格控制食盐的生产与销售。汉朝初期，政府允许私人经营海盐。汉武帝时期，政府对盐铁实行专卖，设置官吏管理食盐的生产、转运和销售，将食盐纳入国家垄断性经营。之后，政府在浙江海盐县设置司盐校尉，利用海涂作盐场，发展海水煮盐业。在唐代，浙江沿海食盐实行分级管理，并设盐铁使及场监。唐宝应年间（762—763），盐铁使刘晏领东南盐事，十分重视盐业生产。宋代，浙江的食盐管理主要由地方州县负责，其流通分为官营和商办两种。元朝浙江的食盐管理趋于复杂，独立的盐业生产和运销管理体系逐步成熟，浙江的海盐生产和销售分别由不同的政府衙门负责。在食盐价格中，相当一部分属于税收成本，这就使得私盐有了盈利的空间。因此，打击私盐成为盐政部门的另一项重要职能。明清时期，政府对浙江海盐生产的管理进一步细化，除了人身之外，生产工具的数量和种类也属于地方盐场的管理范围。

（一）宋元时期浙江海洋盐业管理

宋代浙江的食盐管理主要是由地方州县承担的，所有卖盐的利润都归政府。官方食盐的生产和销售都由州郡负责，因地制宜，随时间而变化，特别重视对私盐的打击。两浙的多数盐场还设有盐监专员管理。盐场管理得好、盐场收入增加的地方官员获得升迁，而违反盐法的官员则要受到严厉处罚。宋代两浙区域盐民都为官府招募，或为流民，或为军士，由政府统一提供生产工具和资金。盐民所产盐均由政府按不同价格统一征收，严禁亭户私自出售。北宋初期，宁波昌国设东西两监，管理宁波盐务。宋代浙江的食盐收购或直接在盐场进行，或在州县盐仓进行。州县盐场的设置可以有效监管海盐生产，但是本身也存在很多弊端。因此，北宋年间浙江的州县盐仓时设时罢，经常反复。

作为国家财政税收的重要来源之一，国家对食盐的生产和运销实行严格的管理。宋代盐场的生产成本由灶户自行承担，地方政府进行监督管理并按照一定价格进行固定收购。至于流通环节则分为官营与商办两种。崇宁三年（1104），浙江明州开始推行盐钞法，取消两浙、淮南地区的官营食盐运输，由商人任意贩卖。此后，商人只要向榷务交纳钞引钱，并向主管司交纳窠名钱，就可领取钞引，凭钞引到盐仓支取食盐，然后到限定的区域内进行销售。当时宁波盐场食盐的销售区为江苏、安徽和江西等地。不过即使是商办，也只能从政府盐仓收购，其本身不能和盐民直接交易。宝庆年间（1225—1227），浙江食盐运销的成本包括贴纳钱、盐本钱、雇船水脚钱、贴收水脚钱、袋本钱、袋本剩钱、三分钱、别纳袋息钱、封头物料钱、杂收钱等诸多名目。这些开支有些是按食盐数量支出，有些是按月开支。其中贴纳钱是食盐运输的保证金，如果食盐运输超过规定的时间，这笔钱要被政府以税收的形式没收。盐本钱、雇水脚钱、袋本钱、封头物料钱都是食盐收购与包装过程中产生的费用，从中可以看到宋代浙江海盐是用席编制的袋子包装后运输的。其余的开支基本都是付给食盐收购过程中所要打交道的政府部门。

元代盐务机构分为二级管理，即盐运司、提举司、茶盐转运司和盐场。盐运司、提举司和茶盐转运司的职责是管理场灶，榷办盐货及征收盐税。也就是说以上三个部门既要管理盐场，又要负责食盐的出售。至元十四年（1277），政府在杭州设置两浙都转运盐使司，开始恢复和发展江浙的盐业生产。相比上层盐务管理机构的稳定，元代浙江的基层盐务管理机构多有变化。以昌国州为例，其三个盐场每场各设置管句三名。至元三十一年（1294），朝廷裁减官员，昌国州设正监和岱山场，归浙东盐使司管理。元贞元年（1295），朝廷废各道盐使，改场为司，即正监场改为正监盐司，岱山场改为岱山盐司，芦花场改为芦花盐司。各司设司令、司丞和管句各一名，铸造从七品的官印。除盐运司外，大德年间昌国州还设有巡检司五处、税使司和盐提领所。巡检司巡检每月俸禄为一十贯，另有田一顷。税使司设都监一员，为省差；副使一员，为本路总管府差。盐提领所设提领二员。除盐司和巡检司外，元代浙江还设有两浙都转运使司庆元路盐仓。该盐仓原为批验所，以确定食盐质量，大德三年（1299）改为检校所。延祐六年（1319），检校所被革除，同年十二月改为盐仓。元代浙江每个盐场分为若干团，每团由三灶或二灶组成，每灶由若干家组成。

（二）明清时期浙江海洋盐业管理

吴元年（1367）二月，朱元璋在杭州设立两浙都转运盐使司，下设嘉兴、松江、宁绍、温台4个分司，分别管理下辖的35个盐场，除了松江分司的5个盐场，其他30个盐场均在浙江境内，其中嘉兴分司5个，宁绍分司15个，温台分司8个，余下的两个盐场即仁和盐场、许村盐场，都直属于都运司。盐课司设于盐场，是明代盐业的基层管理机构，设有盐课大使、攒典、司吏等官吏。盐课司通过灶户中的团灶组织管理盐业生产，每个盐场按照其规模划分为若干个团，规模小的盐场仅有三四个团，规模大的则有数十个之多。每个团拥有若干个煎灶，每个煎灶均配有一副由官府统一铸造的灶盘和铁锅。盐民一般以一家一户为生产单位，在盐场官吏的监督下，轮流使用铁盘和铁锅，煎制食盐。盐场的草荡、卤池、灶房、铁盘和铁锅，均为官府所有的财产，盐民不得私自置办。明代中期，官府因为财政困难无法置办新的铁盘和铁锅，而原先朝廷分配给灶户使用的草荡、盐池和铁盘铁锅，逐渐被少数盐民中的豪强富户霸占，迫使浙江沿海地区许多贫苦的灶户纷纷逃亡。在此情况下，朝廷允许盐民在交纳盐课之后直接向盐商出售生产的余盐，明初政府实行的盐业官营制度由此走向衰落。

除提供海盐的生产设施外，官府还设有"盐仓"，专门负责从盐民手上收购食盐，收储于官方盐仓的食盐被称为"仓盐"。设立于洪武初期的宁波盐仓批验所原征用县城东五里五十甲的民居为官署，洪武三年

（1370）迁到发云寺废址。除官府直接控制的盐仓外，各盐场盐课司下也有数量不等的盐仓。鸣鹤场两所盐仓设于洪武二十五年（1392），归两浙都运盐使司管辖。嘉靖年间（1522—1566），各盐场盐课司所属盐仓数量都有很大变化，鸣鹤场盐仓增加到四个，清泉场盐仓被撤销，龙头场盐仓增加到四个，玉泉场盐仓增加到十一个。明代浙江对盐场盐民的管理由盐场负责，在监督盐民完成国家盐课任务方面，盐场有与县管理治下农民的职能类似的职务，如：县有里长，场有总催；县有甲首，场有头目；县有收头，场有解户；县有支应，场有直目；县有见递，场有见递。与宋元时期的盐业政策相比，明代政府明显加强了对宁波官盐生产的管理。盐业销售的高额利润使得相当一部分盐业产量游离在国家管控之外，这就是在明清两朝都令政府颇为头痛的私盐。宁波地方政府与卫所都设有数量不等的巡盐应捕，每个月都有额定的查获私盐指标。

清代，户部山东清吏司是盐务管理的最高行政机构，两浙巡盐御史系户部派遣至两浙盐区的最高盐务专官，任期一年，掌理盐政。巡盐御史下还有盐运使、盐法道、盐课提举司、盐引批验所大使与盐课司大使等中低级职务。其中盐课司大使为基层官员，设于各盐场，执掌场课的收纳，食盐的生产、收贮及稽查私灶等。盐课大使任期没有时限，其俸禄与典史相同，每年俸银十四两四钱六分零，内钱三千一百三十八文。盐课大使衙门下还有很多其他辅助人员。以宁海盐课大使衙门为例，有马夫一名，工食六两；门役一名，工食六两；皂役四名，工食共二十两；铺夫二名，工食共银二十一两六钱。除盐运官僚体系外，地方州县官员在食盐运销与缉私方面也起着非常重要的作用。另外，这一时期的盐商组织也在盐务管理当中发挥了重要的作用。大盐商不亲自卖盐，但吃穿用度十分奢侈，出入官府，结交官吏。可见，甲商、副甲、商经、公商等事实上已脱离流通领域，成为专职管理者。上述示例已经表明盐商组织的职能和总商们所具有的权力。当然，其管理过程中也与盐政衙门的贪婪、腐败一样，产生了许多弊端，两浙甲商、副甲、商经、公商等夹在政府和盐商间，传递虚假消息，利用恐吓手段获取商业资本。总之，清代在盐务管理方面，形成了以盐政衙门为主，以地方有司和商人组织为辅的管理系统，既体现了官督商销制的特点，也体现了官与商之间相互制约、依赖、协调的复杂关系。

二、民国时期浙江海洋盐业管理

自辛亥革命爆发，新浪潮猛烈冲击着清末的盐务体系，时人记载旧制度的黑暗时说道，专商制度的弊病还没有彻底革除，各地的盐务还是十分复杂的，国家运行稳定与民生问题都受到困扰，盐务的黑暗腐败状况引起中国一些有识之士的担忧和不满，加速了旧体制的崩溃。其后几十年，在中国的政治舞台上，盐政一直扮演着重要的角色，这也是学者研究的热点。就浙江而言，随着新式制盐法的推广以及西方盐政管理体系的传入，浙江海洋盐业管理机构历经多次变化。下文着重介绍浙江盐政机构的变迁与浙江省缉私盐所做的措施。

（一）盐务机构

1. 两浙盐运使公署

自辛亥革命后，国民政府对盐政进行了重大改革，其中在浙江是废除了两浙盐运使司，新设"浙江省盐政局"，不久于1912年12月撤销，改设"两浙盐运使公署"，公署的最高长官是"两浙盐运使"，是由财政部呈请兼任的。翌年4月，北洋政府为举借外债，设置"两浙盐务稽核造报分所"，盐务机构遂分为行政与稽核两个系统。至此，两浙盐运使的职责下降，主要分管场产管理、督销查验及缉私等行政事宜。两浙盐运使公署的下属机构也经过多次调整，至1929年辖有宁波、台州等地办事处，温处盐务行政局，绍属、常广、徽属督销局，杭余、嘉兴、绍兴、曹江、富阳、桐庐、严州、沈家门、壶镇、镇下关等查验处及临海掣验处，钱清、余姚、海沙、东江、岱山、长林、双穗、许村、鲍郎、黄湾、芦沥、三江、金山、清泉、大嵩、穿长、定海、玉泉、长亭、杜渎、黄岩、上望、南监、北监场等众多的场公署及鸣鹤、衢山场佐。1931年1月，各场裁并较多，原26场（包括场佐）并为16场。翌年8月，财政部令将两浙盐运使职务由两浙盐务稽核分所经理兼任，运署所属机构分别裁并，由稽核人员兼办。盐务行政管理职能自此并入稽核系统。1935年6月，为减少行政经费支出，遣散原运署人员，仅留产销课办理行政事务，对外行文保留运使公署名义，机构已不存在。1937年4月，根据《盐务总局组织法》，各省所属机构相应改组，撤除两浙盐运使公署，取消运使职衔。

2. 两浙盐务稽核分所

1913年，北洋政府向五国银行团举借"善后大借款"，以盐税及关税作抵押，接受银团对盐务的监督管理，成立盐务稽核总所。4月，在杭州设置两浙盐务稽核造报分所。10月，改称两浙盐务稽核分所。稽核分所与运使公署分权并列，互不隶属。稽核系统专门负责盐税稽征、签单秤放及税款收支监督。分所经理为华人，副职协理为外籍人员，收支税款等重要稽核事项必须由协理签发才能生效。1914年，两浙盐务稽核分所下设绍属、温州、台州收税总局，委派收税官。翌年5月，两浙盐务稽核分所在仁和、双穗场设盐务秤放局，主管称秤放员，后改称局长。1916年4月，稽核分所在宁波设立宁波盐务稽核支所，委派华、洋助理各一员为主管，加强盐税控制。1922年4月，稽核分所先后增设三江、镇塘殿、东江、濠河头、许村、长林、余姚、岱山、南沙、黄湾、金山、北监、穿长、黄岩、鲍郎、玉泉、乍浦、定海、南监、清泉、大嵩、长亭、杜渎等秤放局共25处，另在镇下关设秤放分局1处。两浙稽核系统机构于是建成。

1927年，南京国民政府统一全国后，为收回盐政主权，决定裁撤稽核机构。两浙盐务稽核分所于当年3月并入两浙盐运使署，下属稽核机构也同时撤销。1928年，宋子文接任财政部长后，认为稽核所责任严明，制度整齐，值得保留。于是，财政部又命令复设。3月，各地原设之分支机构也逐渐恢复，运署交还稽核职权。值得注意的是，恢复后的稽核所开始摆脱外国势力控制，职能和稽核制度虽仍继承北京政府时期的做法，但事权在逐步集中。1932年8月，财政部指示由两浙盐务稽核分所经理兼任两浙盐运使，运署下属机构一律裁撤，运署保留产销科以运署名义办理行政事宜。各场场长由秤放员兼任，裁撤宁波稽核支所，其下属9个秤放局归由分所直辖，全区盐务产、运、销、税、缉私统辖于稽核分所。同年，浙江硝磺局并入盐务系统，由经理兼任局长，合署办公。1934年，稽核分所税警课改组为两浙税警局，下辖6个区，计有18个队、68个分队。翌年8月，两浙盐运使公署行政事宜亦并入稽核分所，撤销保留的运署产销科。1937年4月，盐务机构全面改组，两浙盐务稽核分所撤销，改为两浙盐务管理局，这也标志着中国盐政主权被侵犯的稽核所自此消失。

3. 两浙盐务管理局

1937年4月，根据《盐务总局组织法》的规定，改组两浙盐务稽核分所，成立两浙盐务管理局（以下简称两浙局）。稽核所及运署同时撤销。两浙局置局长、副局长。副局长仍聘用外籍人员，但不再掌握实权。1943

年最后一任外籍副局长被辞退，嗣后再无外籍职员。两浙局下属机构有：税警局，从事缉私事务，有税警4300余名；温处盐税局，并辖双穗、长林、南监、北监4场公署及秤放局；台州盐税局，并辖玉泉、长亭、杜渎、黄岩4场公署及秤放局。两浙局直辖场公署及秤放局，计有黄湾、鲍郎、乍浦（局）、南沙、余姚、岱山、镇塘殿（局）、金山、清泉、定海、濠河头（局）11处。此外，尚有余姚、岱山食盐检定所，镇塘殿食盐复查所及临浦临时秤放处等。机构及人员较以往减少。

新机构成立不久，抗日战争全面爆发。当年11月，日军在平湖全公亭登陆，芦沥、鲍郎、黄湾场先后被侵占。两浙局于11月迁往兰溪，12月迁至永康，后又迁至金华。1939年5—6月，日军攻陷定海、岱山场。翌年4月，钱清、余姚、金山、清泉、玉泉各场先后被占领。1938年2月，为抢运余姚、钱清场存盐，浙江省政府在金华成立战时食盐运销处。7月，改组成立由财政部、浙江省合办的浙区战时食盐收运处，两浙局局长兼任处长，并在黄岩、临海、杜渎、仙居等地设办事处。收运处下设汽车、手车运输大队及转运站、储盐仓库等机构。1942年1月，为实行盐专卖制，相应调整机构，撤销收运处，业务及人员并入两浙局。所属机构凡办理税销者称分局及支局；管理场产者称场公署，主持运销者称运输办事处或转运站；秤放局并入场公署。改组后直属机构有皖属，温属（下辖双穗、长林、南监、北监4场），台属（下辖长亭、杜渎2场），永康，金华，萧绍，建德，浙西，皖南9个分局；诸暨、临浦、鹰潭、兰溪、漓渚、安华、义乌、江山、玉山9个办事处；余姚、黄岩2个场公署及汽车、手车、护运3个总队部。4月，因日军流窜侵犯，两浙局由金华迁至龙泉，9个办事处及余姚场公署相继撤退后陆续撤销。9月间，两浙局又先后在泰顺、庆元等内地筹设直属支局，继续行使办事处、场公署职能；3个总队改组为运输企业。浙江硝磺局也在当年改称浙江硝磺处，归盐务总局直辖。

1945年8月15日，日本投降。中共浙东区委于19日率部解放余姚盐区，在庵东镇成立浙东盐务管理局，对浙东盐务实施有效管理，规定按照盐价的30%征税。10月6日，浙东区委奉令北撤。南京国民政府两浙局于10月推进杭州，接管收复区盐场，相应调整产、销区机构。1946年，两浙局直辖机构为：余姚、定岱、钱清、玉泉、黄岩、双穗、北监、南监、长林9个场公署；浙西、宁属、永嘉3个分局；临浦支局；衢县、港口、木蛘、二凉亭4个常平仓。1949年5月杭州解放，原余姚场场长倪士俊在宁波另立"两浙盐务管理局"，同月迁往定海，翌年5月率部到了中国台湾。

（二）私盐管理

私盐问题在清末就已经很严重，当时全国据称有三分之一都是私盐。到了民国，私盐问题进一步恶化。民国时期的私盐问题，是历史上私盐问题的继续和发展，这一问题产生的历史根源，不仅在于引岸制度，关键还在于历代政府对食盐征收重税，导致官盐价高私盐价低，私盐遂有市场，制售私盐有利可图，并且已经成为一部分人主要的谋生手段。而私盐赖以生存的社会环境，也促成了一批既得利益者，从而形成了积重难返的局面。面对私盐猖狂的情况，民国政府从制定法律、组织缉私队两个方面着手，以期达到有效控制。

1914年12月22日，北京国民政府公布《私盐治罪法》，计10条，主要规定：犯私盐罪不及300斤者，处五等有期徒刑或拘役，300斤以上者处三等或四等有期徒刑，3000斤以上者处二等或三等有期徒刑，携有枪械意图拒捕者，加本刑一等；结伙十人以上走私贩私，拒捕杀人，伤害人致死及笃疾或废疾者，处死刑，伤害人未致死及笃疾者，处无期徒刑或一等有期徒刑；盐务官及缉私场警兵役等自犯私盐罪或与犯人同谋者，加刑一等。

此后还有1929年8月公布的私盐轻微案件处罚章程。1942年5月，南京国民政府公布的《盐专卖暂行条例》规定：贩运或售卖私盐者，没收其盐及其自有供贩运或售卖私盐之用具，并处以照私盐量按当地盐价1—5倍之罚款。贩运或售卖私盐数量在500市斤以上者，除依前没收及罚款外，并加处一年以下有期徒刑或拘役；2000市斤以上，加处三年以下有期徒刑；5000市斤以上，加处五年以下有期徒刑。1944年10月国民政府修正公布的《盐专卖条例》与1947年3月公布的《盐政条例》等都有关于私盐惩处的规定。

自1912年起，两浙缉私统领由浙江都督委任，此后由财政部直接管辖。1918年，商巡改为官办，与其他官巡一律归由特设的统领节制。当时两浙缉私统领辖16营，共有盐巡3497人，分驻浙盐产销各地，其经费按各地数目多寡，分别加入正税征收。后因嘉、湖、温等地官巡力量薄弱，又先后呈准恢复商巡组织。1931年，两浙缉私队及盐（场）警先后移交两浙盐务稽核分所接管，改称税警，裁撤缉私局，并将缉私队改组为区队制，计分5个区：第一区设8个队分驻杭嘉防地；第二区设8个队，分驻萧、绍防地；第三区设9个队，分驻余姚一带防地；第四区设6个队，分驻台属防地；第五区设6个队，分驻温属防地。另于宁波设一副区队，隶属第三区管辖，下设3个分队，分驻宁属防地，"威靖"舰任水面缉私事宜。各处商巡同时由两浙盐务稽核分所分别接收管理。

抗日战争全面爆发不久，日军侵占浙西一带，税警后撤至浙东。建安、绥南两舰拆卸退役，各地商巡改编遣散。1938年，两浙缉私队改组为税警办事处。1939年，税警办事处增募新警30队充实警力。1941年，税警办事处改组为两浙盐务管理局税警科。经过整编，全省计有9个区、12个分区、112个队，3个直属特务中队。1941年，日军窜扰浙东，各区队向后转移，并予以调整，改编为查产警48个队、押运警50个队、缉私警22个队，共计警力4300余名。1942年，浙江成立缉私署，浙区税警全部移交改编为税警第十、十一团，一部分编入其他税警团。1944年，税警十一团拨还给两浙盐务管理局，成立42个税警队，后扩编为45个队。1945年8月抗战胜利后，浙江沦陷盐场得以收复，两浙盐务管理局又增设盐警31个队。至1946年，两浙盐务管理局税警科划拨上海盐务办事处11个队，裁汰12个队，拨交山东盐务局5个队。截至1946年底，两浙盐务管理局税警科计有盐警48个队，一等区7个，二等区、直辖区各1个，二等分区4个，共计警力2306名。1949年初，两浙盐务管理局税警科计有盐警51个队，又有查缉大队3个中队，驻地分别为：第一区驻浙西，盐警3个队；第二区驻党山，盐警6个队；第三区驻庵东，盐警8个队、1个中队；第四区驻舟山，盐警7个队、1个中队，另配备海丰、海州两缉私舰；第五区驻象山，盐警5个队；第六区驻温岭、黄岩，盐警8个队，又驻海门1个中队；第七区驻玉环、乐清，盐警6个队；第八区驻温州，盐警6个队；直辖分区盐警2个队，分驻钱江、杭州等处。

第 二 章

浙江海洋贸易与
航政管理

浙江海洋贸易管理及机构沿革受国家海洋政策的影响是十分明显的。在海洋贸易没有规模化的秦汉隋唐时期，浙江还未出现专门的海洋贸易管理机构。宋元时期，开放的海洋政策及相应的鼓励海洋贸易的政策使得浙江的海洋贸易欣欣向荣，杭州、宁波、温州等地的市舶管理机构也相继设立，这些机构在规范海洋贸易及外商来浙贸易方面起到了非常重要的作用。明清时期，随着国家海洋政策的收缩，浙江仅存宁波可以合法从事海洋贸易，且贸易对象受到严格的限制。明朝，位于宁波的浙江市舶司是管理日本朝贡贸易的唯一合法机构。浙江市舶司的裁撤预示着浙江失去了直接从事海洋贸易的资格。清代浙海关的建立和裁撤也是浙江海洋贸易变化的一个缩影。在政府的管制下，明清两朝后期的国内沿海贸易逐渐繁荣起来，杭海关主要管理的就是在近海航线上从事贸易的船只。晚清以后，随着浙海新关、瓯海关和杭州关的设立，浙江的海洋贸易再次发展起来。相较于传统市舶司，新式海关不仅直接管理海洋贸易，还负责港口基础设施的修建和航政事务。进入民国后，航政事务从海关分离，由交通部和浙江省建设厅双重管理，相应的与船只有关的牌照税的征收也从海关分离出来。

浙江海洋贸易管理

唐代以降，浙江海洋贸易逐渐纳入政府的日常行政管理当中。宋元时期，浙江沿海成立市舶管理机构，负责官方海洋贸易与接待外商来浙贸易，同时也承担管理私人船只出海贸易与税务征收职能。明清时期，随着国家海洋政策的逐渐保守，原本在浙江沿海的多处市舶管理机构仅保留宁波一处统辖浙江沿海对外贸易活动。晚清以后，在外国列强施加的压力下，宁波、温州和杭州先后成立新式海关，负责浙江海洋贸易活动。进入民国之后，原本由外国人把持的浙江海关逐渐过渡到由中国人担任主要行政职务。与传统社会的市舶管理机构所不同的是，晚清民国时期的浙江海关不仅承担了海洋贸易的管理职能，还一度承担着港口基础设施建设和航运管理职能。

一、古代浙江海洋贸易管理

唐代及以前，政府对海洋贸易的管理还在孕育当中，浙江近海商人不需要太多的手续就可以出海贸易，不过当时无论是贸易规模，还是贸易对象都没有受到国家政策上的限制。对于在唐代浙江是否存在市舶司还存在争议。不过可以肯定的是，北宋太平兴国三年（978），政府在杭州设立两浙市舶司开始统一管理浙江的海洋贸易。之后，宁波、杭州、温州和澉浦等地都曾设立过海洋贸易的管理机构。清代前期的浙海关还一度受理进出口贸易征税业务。鸦片战争后，宁波、温州和杭州等地先后被辟为通商口岸，设立由外国人把持的浙海关、瓯海关和杭州关，以管理浙江海洋贸易。

（一）宋元时期浙江海洋贸易管理

宋元时期，政府奉行开放的海洋贸易政策，除个别年份因为战争因素实行短暂海禁外，政府在大多数时期均鼓励海洋贸易的发展，并设立相应的市舶管理机构。

北宋太宗太平兴国三年（978）至端拱二年（989）间，朝廷在原吴越国博易务的基础上，于杭州设立两浙市舶司，全面管理两浙路的对外贸易事务，这是浙江地区海洋贸易机构设置的开始。江浙区域的出海船只，必须到两浙市舶司登记领取许可证后才能出海贸易。淳化三年（992）四月，两浙市舶司移驻明州定海县（今宁波镇海区），旋迁至明州城内。次年，因主持市舶司工作的监察御史张肃认为管理不便，又将市舶司移回杭州。真宗咸平二年（999），宋廷在杭州和明州分别设立市舶司，实行相对独立的管理模式，海商可自由选择贸易港口。同时，两浙市舶司改为两浙路提举市舶司，依旧设于杭州。熙宁七年（1074），神宗批准高丽使团由明州入境后，明州成为宋丽官方贸易的主要门户。北宋前期，尤其是明州被规定为通往高丽、日本贸易的指定口岸之后，出于国家安全的考虑，朝廷曾一度实行对高丽交往的商禁政策。为防范商人名为前往高丽，实际和契丹进行贸易，宋廷相继出台仁宗朝的《庆历编敕》《嘉祐编敕》以及神宗初年的《熙宁编敕》等相关条令明确禁止海路商贾前往高丽。然而此种商禁实属无奈，是短暂时期的非常措施，是出于对本国的军事防御的需要，而两宋朝廷本意还是鼓励海外贸易的。不过，就浙江境内的市舶司而言，其机构沿革深受宋廷对高丽外交政策的影响。元祐五年（1090），宋廷外交政策发生变化，主张限制商人前往高丽贸易的政策得到执行。因此，在时任杭州知州苏轼的多次建议下，浙江境内的杭州和明州市舶司均被关闭。崇宁元年（1102），随着宋徽宗的继位，宋廷再次调整外交政策，主动修好与高丽的关系，并恢复杭州和明州市舶司以重新开展双边贸易。此外，宋廷曾在大观三年（1109）至政和二年（1112）间裁撤两浙路提举市舶官。

北宋市舶司设有市舶使、市舶判官、主辖市舶司事、提举市舶、监市舶务等官职，由所在州路知州、通判或转运使、提点刑狱公事等兼任。元丰三年（1080）后，随着市舶收入的增加，开始由两浙路转运使或副使兼任市舶长官，从而结束了州郡长官兼任市舶使的管理体制。元祐元年（1086），市舶司官员由兼职改为专职。市舶司的主要职能有负责接待贡使与外商；登记管理出入境从事贸易的船只与搭载人员；受理货物报关与发放出海许可证；负责进出口货物的抽解（类似征收关税）与出售、船舶货物交易的管理；执行政府海禁与防范走私贸易等事务。两浙市舶司衙门和杭州市舶司衙门最初在杭州凤凰山州城双门内，熙宁以后迁往现在杭州劳动路转运司桥一带。明州市舶司署在行春坊县学西，下设市舶务。此外，北宋明州政府还兴建了不少馆亭用来接待高丽使者。元丰元年（1078），定海县在县城东南四十步修建"航济亭"，作为赐宴高丽使团回国之用。明州城内还修建高丽使馆，作为接待高丽使团的主要场所。另外，明州市舶司成为宋政府指定的对日贸易的机构后，宋赴日的商船均需在明州市舶司办理登记手续，领取签证，即"公凭"。台州商人周文裔、福建商人陈文佑、泉州商人李充以及明州商人朱仁聪、孙忠、孙俊明等就是在明州办好手续下洋出海的。崇宁四年（1105），明州市舶司发给泉州商人李充的"公凭"载于日本文献，允许李从明州发舶，详细记录了跟随商人出海的人员、船数、所载货物及去往国家，并规定从日本归航后还需返回明州抽解。可见宋廷对商人从事海外贸易的管理比较完善。

南宋时期，浙江市舶司的职能与北宋基本一致，但市舶机构设置则多有变动。南宋初期，由于金兵南下，两浙市舶司遭到破坏。建炎元年（1127），宋高宗赵构下诏裁撤两浙市舶司，相应职能并入两浙转运司。次年五月，两浙提举市舶司又重新设立。绍兴元年（1131），杭州改升临安府，杭州市舶司改称临安市舶务。同年，温州设置市舶司。绍兴二年（1132），两浙路提举市舶司迁到未受战乱破坏的秀州华亭县（今上海松江区）。同时，杭州和明州两个市舶司也降格为市舶务，与原温州、江阴、秀州并为5个市舶务，归两浙市舶司统辖。乾道二年（1166），因大臣反映两浙市舶司官员繁杂、官吏扰民，因而朝廷下令裁撤两浙提举市舶司，由转运司监管。这实际上是把提举市舶司的职责划归于转运司。临安府、明州、温州、江阴军和秀州等5个市舶司各自独立监管港口进出口贸易，课税则由地方衙门监督。同年，原本的专职市舶官员改为由地方行政长官知府或知州兼任市舶使，恢复到北宋初年的情况。绍熙元年（1190），由于杭州升为临安府后成为国都所在地，因此凡是来临安府市舶务课税的商船都在澉浦停泊。之后，临安市舶务被裁撤，商船也禁止停靠澉浦。绍熙四年（1193），明州改为庆元府，明州市舶务改为庆元市舶务。宁宗庆元元年（1195），温州、秀州、江阴军3处市舶司被裁撤，庆元港成为江浙地区唯一的对外开放口岸。嘉定六年（1213），临安市舶务恢复设置。淳祐六年（1246），宋理宗在澉浦港派驻澉浦市舶官。八年，又改临安府市舶务为行在市舶务。十年，澉浦市舶场设立，隶属行在市舶务。同时，庆元市舶务则一直保持运转至德祐元年（1275），在元军大兵压境的情况下被废止。

元代的海洋贸易由元政府直接管理。元世祖至元十四年（1277），南宋临安被攻取后，元政府就在泉州、庆元、上海、澉浦等地设立市舶司。至元二十一年（1284），元廷设市舶都转运司于杭州。同时，在温州、广州设立市舶司。浙江境内共有3处市舶司，由杭州的市舶都转运司统管。至元二十九年（1292），杭州市舶司主管的税收征收划归杭州行泉府司掌管。第二年，元廷对全国市舶机构进行大规模调整，杭州市舶司并入杭州税务司，温州市舶司并入庆元市舶司，并颁布《市舶抽分杂禁二十三条》，加强法制管理。大德二年（1298），澉浦、上海两处市舶司并入庆元市舶司，直接由中书省管辖。至此，庆元市舶司成为整个江浙地区海洋贸易的基层管理机构和职能部门。不过由于元政府海洋政策的影响，元政府先后四次禁止海外贸易，并裁撤庆元市舶司，但裁撤时间都不长。大德八年（1304），庆元市舶司被裁撤。至大元年（1308），设立庆元路市舶提举司，下辖澉浦、定海、温州、上海等征榷点。至大四年（1311），裁撤庆元路市舶提举司。延祐元年（1314），恢复庆元路市舶提举司，不准私商出海，只管理官本船贸易。延祐七年（1320），又裁撤庆元路市舶提举司。至治二年（1322），又设庆元、泉州、广州市舶提举司，并申严市舶禁令，直隶江浙行省。期间，庆元市舶司的隶属关系也有所变化，先后隶属于行泉府司及中书省。此后，市舶机构设置趋于稳定，直到元末至正二十五年（1365）才撤销。元代市舶官员均为专职，品级较高：每司设提举2人，从五品；同提举2人，从六品；副提举2人，从七品；知事1人。市舶司的职能比起宋朝有所扩大，主要是对进口船舶和货物进行征税、检查违禁品、接待外国客商及管理官方贸易。元代，对于出海贸易的船只、货物和人数，必须有人担保，经过市舶司审核批准，发给贸易凭证之后才能出海贸易。

（二）明清时期的浙江海洋贸易管理机构

明清时期，政府海洋政策趋于保守，对海洋贸易活动的管控愈加严格。明代浙江海洋贸易的管理机构为浙江宁波市舶提举司，清代浙江海洋贸易的管理机构为浙海关。晚清时期，在外国列强的干预下，清政府将浙海关改为浙海常关，并先后组建起新的浙海关和瓯海关以管理宁波港、台州港和温州港的海洋贸易。

明洪武三年（1370），于宁波设浙江市舶提举司，以浙东按察使陈宁为提举官。洪武七年（1374），浙江市舶提举司被裁撤，不久又恢复。洪武十九年（1386），因胡惟庸案，明廷禁止日本朝贡，同时废止浙江市舶司。永乐元年（1403），出于外国朝贡的需要，政府在浙江宁波设立市舶提举司，由浙江布政使司管辖，下设提举司1人、从五品，副提举2人、从六品，吏目1人、从九品。永乐三年（1406）九月，政府在浙江市舶司建立"安远"驿馆，设驿丞1人。之后，浙江市舶司成为管理日本朝贡贸易的官方机构。嘉靖二年（1523）发生的宁波争贡事件使得浙江市舶司机构被裁减，直到隆庆元年（1567）被最终裁撤。万历二十七年（1599）二月，浙江市舶司又重新设立，直到万历四十八年（1620）被再次裁撤。浙江市舶提举司设提举1人，由内官（即太监）担任，副提举1人，其他专职人员诸如司吏、典吏、弓兵、工脚、库子、秤子、合干人、行人等计200余人。另外，安远驿除驿丞1人外，还有吏1人、馆夫20名。浙江市舶提举司署址在宁波府城内，今中山公园内九曲湾一带。后其右侧建起吏目厅，还有市舶库、安远驿、四明驿等附设机构和设施。永乐到嘉靖年间，浙江市舶提举司提举官一度驻扎杭州。明代浙江市舶提举司在定海、澉浦、乍浦、临海和温州等地设有征榷关卡，其主要职责是管理与日本国的勘合贸易（即朝贡贸易），兼管与朝鲜等国的贸易。具体职能是核对勘合，查验进出船只，按货物数量和货值征税，控制国内商人私自出海贸易及接待外国使节和客商。

清朝初期实行严格的海禁政策，沿海居民迁入内地，浙江海洋贸易趋于绝迹。康熙二十四年（1685），清政府开放海禁，允许船只出海贸易，并在宁波设立浙海关，管理浙江对外贸易事务。康熙三十七年（1698），政府在宁波府城和定海县设立分关及红毛馆，下辖15口，分别是：宁波江东的大关口，慈溪的古窑口，镇海的镇海口，鄞县的湖头渡、小港口，象山的象山口，宁海的白峤口，平湖的乍浦口，海盐的兴围口，绍兴的沥海口，临海的海门口，太平的江下埠，永嘉的温州口，瑞安的瑞安口，平阳的平阳口。乾隆二十二年（1757），清廷为限制英国等西方国家来华商船，裁撤定海红毛馆，关闭浙海关，只受理国内商船，外国商船只能在广州停泊贸易。浙海关设满、汉海税监督各1人，笔帖式1人，主要职责是对进出港口船只进行管理，包括签发和查验进出港船只的执照、检查违禁品及征收关税。

鸦片战争后，清政府与英国签订《南京条约》，宁波作为浙江第一个对外开放的通商口岸，再次受理涉及外商的海洋贸易。道光二十四年（1844），宁波港正式对外开放，由设在江东的浙海关及所属镇海分口等管理海洋贸易活动。咸丰十一年（1861），由英国人华为士担任税务司的浙海关税务司在宁波江北岸正式成立，原江东浙海关改为浙海"常关"，江北岸的浙海关被称为浙海"新关"。同年十一月，太平军攻占宁波，改江东浙海常关为天宁关，以潘小镜为天宁关监督，开征商税。次年，太平军撤出宁波，清政府和列强控制了浙海关的征税权。浙海关下辖鄞县大关口。浙海关外籍税务司不仅控制了浙海关的关税权、行政权等海关事务，还控制了港务管理、航政管理、捐税征收等港口管理职能。晚清时期宁波港的基础设施建设及日常港口管理均由浙海关负责。由浙海关撰写的海关报告是了解宁波海洋经济发展与区域社会变迁的第一手文献资料。

根据中英《烟台条约》，温州于光绪二年（1876）被开辟为通商口岸。次年，海关总税务司赫德委托英国人好博逊为温州海关税务司，负责征收洋式帆船和汽轮船的进出口货物关税与船钞。建关初期，称温海关，半年后改称瓯海关，全称为瓯海关税务司公署，与同治四年（1865）由浙海常关温州口改称的瓯海常关并存。瓯海关名义上由温处道台兼任监督，实际上由外籍税务司把持关务，并控制邮政、港务、航运等相关事务。关内主要职务大多由外国人担任。光绪二十七年（1901），根据《辛丑条约》规定，清政府将通商口岸50里内常关划归海关税务司管理。之后，瓯海关取得温州关50里内常关的部分管理权。

光绪二十一年（1895），日本政府迫使清政府签订丧权辱国的《马关条约》，杭州被开辟为通商口岸。次年，浙海关帮办、英国人李士理（S. Leslie）奉海关总税务司赫德的命令，到杭州筹设杭州海关，并于同年八月开关。杭海关除拱宸桥本部外，还先后设立嘉兴分关和闸口火车站杭关验货处等两个分口。杭海关全称为杭州关税务司署，其主要监管范围是：嘉兴府的塘栖、石门、石门湾、桐乡、长安、硖石、王店、嘉兴、乌镇、海宁、平湖、乍浦、嘉善、枫泾、平望、黎里、盛泽、南浔；湖州府的德清、新市、菱湖、湖州；杭州府的余杭等地。杭海关除监管通过铁路运输到闸口的货物外，还兼管邮政局业务。

二、民国时期浙江海关管理

民国初期，海关税务司均由外国人担任，而且海关中大部分中高级职位也被外国人占据，浙江的海关税收均由外国人把持。基于此，北京政府设立海关监督一职，对海关税务司的活动进行有限监督。海关监督与海关税务司相并列的这一现象，直到南京国民政府成立后，大量中国人充任浙江海关税务司一职才有所变化。在南京国民政府发动关税自主运动后，海关内部华洋不平等的现象才日渐缓和。1937年全面抗战爆发后，基于国际形势的变化，西方各国开始放弃对浙江海关事务的干预。而浙江的海关管理在战时和战后也发生了非常明显的变化。

（一）北京政府时期的浙江海关

1911年11月，辛亥革命爆发后，宁波光复并成立军政分府，海关监督由提督兼任，但税务司一职仍由外国人担任。而原本兼任瓯海关监督的温处道郭则沄逃离温州，瓯海关监督由暂代温州临时军政分府负责人梅占魁（原温处巡防统领）兼任。1912年2月14日，根据总税务司的电令，浙江海关悬挂中华民国国旗，取消海关旗上龙的标志。同年6月，浙江海关监督署成立，地址在宁波中山西路清代海关行署内，设海关监督一人，由北京政府大总统委派。8月7日，杭州关在杭州闸口车站设置验关房，办理由铁路运往上海的土货。1913年，浙海关设常关分关。1913年4月1日，瓯海关税务司取得了对50里内常关［宁村、状元桥、蒲州、上陡门、双门（朔门）、西门等关口］的全部管理权，不再与瓯海常关监督共同管理。1914年，瓯海关制定《瓯海关常关船舶进出章程》。同年2月6日，按总税务司要求，中国银行杭州代理汇解海关税款，银行佣金不应超过2.5‰。1916年3月，浙海关呈财政部核准，浙海关常关在定海沈家门、岱山、衢山、螺门等地添设四卡，由定海分关管辖。1917年，浙海关公布《宁波理船章程》及《浙海关理船厅通告》。1925年2月14日，京沪、沪杭、杭甬铁路管理局江海关税务司公署签订《路运转口洋货办法》33条。1926年5月12日，瓯海关公布实施《温州口暂行卫生检疫章程》。

民国初年，浙海关监督属于专职，不再由道尹兼任。不过，监督兼任外交部宁波交涉员，以便与各国驻宁波领事协商办理外商事务等，该兼职直到1929年8月才取消。继梅占魁后，姚志复于1912年9月16日被浙江都督任命为瓯海关监督。1912年12月19日，北京政府财政部拟定的《新任各关监督办事暂行规则》规定各海关监督直隶中央政府，不归各省都督节制。其后，浙江海关监督由北京政府大总统直接任命，如冒广生、徐锡麟、周嗣培、胡惟贤等瓯海关监督。同时，这一时期的瓯海关监督还兼任外交部温州交涉员。袁世凯死后，中央政府对地方的控制能力减弱。第二次直奉战争时期，瓯海关监督一度由闽浙巡阅使兼浙江都督孙传芳派员担任。直到1925年4月后，瓯海关监督的任命权才重新回到北京政府手中。杭海关监督公署位于杭州浦场巷，内部设有总务科、稽征科和交涉科。1925年，因军官教育团需要，杭海关监督公署另租民房为办公场所。浙海关监督下设有部派会计主任1人、课长1人、课员7人、护员8人；另设稽查员2人。按照《浙海关监督署办理细则》的规定，浙海关监督署的职能为：税务科掌握稽查、稽征税票及文牍、庶务、收发、会计、金柜、报解、航政、护照等事宜；稽核科掌管审核、登记、簿记、表册及统计等事务。浙海关监督署的日常工作主要是监督浙海关税务司的活动及处理其上交的文件。相比浙海关监督公署，北京政府时期的杭州关监督公署的规模在20—30人之间。

北京政府时期，浙江海关的建设在不断扩大中。1918年，瓯海关以5500元购买英国传教士苏慧廉在嘉福寺巷的住宅，作为税务司的寓所。1924年5月，由英国驻宁波领事兼任的驻温州领事一职撤销，江心屿上的领事馆所有的两栋楼房由瓯海关作价以14100元购置。瓯海关以其中一幢三层楼房作为监察长的寓所，另一幢两层楼作为验货员的寓所。在整个20世纪20年代，浙海关投入大量经费用于改善办公、居住条件及基础设施建设。1920年6月19日，浙海关购买房屋为海关货栈，地址为宁波外马路66号，总计关平银5386两。1921年浙海关在原税务司网球场地基上修筑海关职工宿舍，用于改善职工住房条件，建筑费总计关平银1846两。同年2月，浙海关购买草马路基地13亩，总计关平银3333两。1925年，浙海关改造七里屿和虎蹲山灯塔的房屋建筑，总计花费关平银24000两。1928年，浙海关在宁波江东建造一所新式船坞，长250英尺，宽38英尺。

（二）南京政府时期的浙江海关

南京国民政府成立后，浙江海关的关税征收及管理职能多有变化。就浙海关税务征收而言，根据1927年12月宁波市公布的《宁波市特别码头捐则例》，浙海关代市政局征收码头捐。自1928年4月1日开始，原本由浙海关税务司代收的厘金转由浙江邮包厘金局接管。而随着1927年南京国民政府发起的收回关税自主权的运动，浙江海关在1928年7月20日宣布实行关税自主。自1931年起，国民政府以欧美模式，划分航政与海关权限。这意味着，浙江沿海海关管理港口的权限缩小。同年12月，上海航政局温州办事处成立，温州港进出船舶的登记、检验、丈量工作由瓯海关移交给该处办理。1935年，南京国民政府下令浙海关原管辖的普通民船、木帆船、中小轮船公司船舶的检验、丈量、登记、船员管理及海事处理等工作，移交给上海航政局宁波办事处。同年6月，海关缉私舰海清号由上海驶至宁波，分配为浙海关缉私及捕盗之用。次年12月，缉私舰海绥号由上海至甬江，作为浙海关缉私之用。1936年6月3日，杭州关在杭州城站设立"防止陆运走私稽查处"。

南京国民政府成立后，在财政部内设关务署管理海关行政。1928年开始，浙江各海关监督归南京国民政府财政部关务署管辖。1928年3月起，海关监督由南京国民政府财政部委派，不再兼任外交部交涉员。不过随着1928年5月25日蒋锡侯接任浙海关监督并兼任宁波外交交涉员，由于其与蒋介石的亲缘关系，浙海关监督的权力与其他各地海关监督相比有所增加。1931年1月15日，根据国民政府关务署令，杭州关监督派驻杭州关税务司公署的委员撤回杭州关监督公署。1933年10月2日，中国人卢寿汶担任浙海关税务司，为中国人任该职最早的一员。至此，名义上为了监督外籍税务司的海关监督署已经没有存在的必要。1935年7月，刘灏接替蒋锡侯担任浙海关监督一职。1937年9月30日，南京国民政府裁撤全国各海关监督署，仅留监督1人，驻在税务司公署中。同时，南京国民政府公布《海关监督办事暂行规程》，规定海关监督只有监督关务、提出改善意见、会同税务司与地方机关洽商有关关务等职权。10月，瓯海关监督公署即行撤销，只留监督1人。次年2月2日，南京国民政府财政部鉴于杭州沦陷，杭州关监督无法执行职务，杭州关监督署被撤销。同月28日，浙海关监督公署亦被裁，所留人员统由浙海关税务司掌管。1938年9月，原浙海关监督署所有房产归浙海关税务司接管。浙海关监督署被裁后，瓯海关监督署仍旧保留下来。1945年1月，国民政府决定撤销全国各关监督，瓯海关监督一职于2月1日裁废。

南京国民政府时期浙海关税务司除英国人担任外，还有比利时、美国、法国及日本人担任。值得注意的是，自瓯海关有中国人担任税务司以来，从1933年，中国人开始担任浙海关税务司一职。太平洋战争爆发后，随着宁波及浙东沿海的沦陷，浙海关也被迫撤销，直到抗日战争胜利后才得以恢复。由于战时中国与西方各国不平等条约的废除，战后浙海关恢复后的税务司一职全部由中国人担任。瓯海关税务司在南京国民政府时期主要由中国和英国人担任，另有几任由意大利人担任。抗战全面爆发后，英国人担任两任税务司至1943年，之后，瓯海关税务司一职一直由中国人担任，直到中华人民共和国成立。杭州关在南京国民政府时期基本都是由中国人担任的，除了1933年由英国人暂代税务司，以及抗战时期杭州沦陷后由日本人担任这一职务。抗战胜利后，杭州关由中国接收，并在1945年底被裁撤。

	第二节	

民国时期浙江航政管理

自晚清沿海港口开埠以来，浙江航政管理由外国人控制的海关把持。直到 1927 年南京国民政府成立，在中央政府的支持下，交通部成立航政局，开始接管中国沿海各港口航政工作。上海航政局宁波办事处及温州办事处承担了浙江沿海宁波、温州、台州港的航政事务。与此同时，浙江省政府建设厅成立航政管理局，其管辖范围包括浙江内江及沿海所有帆、轮船。抗战爆发后，出于国防需要，浙江沿海船只及港务管理同时也要接受地方军事当局的管辖。战争时期，浙江军事部门可根据战局需要开放或者禁止沿海港口通行。而在战时，随着航务管理工作的不断调整，浙江沿海航政管理最终由交通部上海航政局下属各办事处承担，浙江省政府建设厅下属航政管理局则负责内江船只通航事务。战后，浙江航务主管部门为交通部上海航政局宁波办事处、海门办事处与温州办事处。

一、抗日战争之前的浙江航政管理

中华民国成立后，浙江航政管理机构仍旧由外国人控制的海关把持，其管理包括引水、岸线及除关税外其他杂税的征收。港口的价值和规模使海关在宁波港及温州港的航政管理中起到非常重要的作用，而同时期海门港的航政管理是由常关及民间组织共同完成的。南京国民政府成立后，全国统一性的交通部航政局成立，作为上海航政局所管辖的一部分，航政局宁波、海门、温州办事处于1931年逐步建立起来。与此同时，浙江省建设厅下属的船舶管理也逐步完善。中央直属部门与地方管理部门在职责上既有区别又有交叉。从船舶管理上而言，前者侧重的是对海员和海船的管理，而后者的范围还包括内河航道及内河船只管理。

（一）北京国民政府时期的浙江航政管理

晚清以来，浙江沿海航政管理皆由外商或外国人把持的海关负责。鸦片战争之后，在各港口税务司成立之前，浙江沿海港口出入的轮船由各国领事馆管理。随着浙海新关的建立，当时浙江唯一对外通商港口——宁波港的航政管理职能一分为二：一部分归清政府浙海关管理，一部分归外国人担任的税务司管理。晚清至民国初期，浙江沿海浙海关负责管理宁波、台州港口航政事务，而瓯海关负责温州港的航政管理。随着浙江沿海港口的管理权落入外国人之手，近代港口管理方法也逐步引进浙江。这一时期航政管理的主要职责包括两类：一类是针对港航设施和服务的课税；另一类是修建港航设施，提供服务以及有关使用岸线、锚地和其他港航设施的一系列规定。

以宁波港为例，晚清时期的浙海关建立后就下设理船厅，专门管辖岸线、水域；确定港界，指定船舶停泊处所和建筑码头，安置趸船的管理；考核并聘任引水员事宜；航道、航标的维护和设置；等等。浙海关当时的主要业务就是引水，并收取相应的引水费。对于进出口货物，除了由海关征收相应的进出口税和子口税等商业关税外，浙海关还征收引水费、船钞、码头捐和船舶注册费等。引水费是指轮船或篷船在进出港所支付的入口引水费，按船只吃水计收，不同河段收费不同。如宁波至镇海，船只吃水一尺收费2元，这就意味着吃水3尺的船只在经过这一河段的话要收费6元；宁波至七里屿，船只吃水一尺收费3元，这就意味着出水3尺的船只在经过这一河段的话要收费9元。船钞则针对进出港口超过48小时以上或上下人员与货物的船只。船钞按照吨位征收，每四个月征收一次。而码头捐则是对于进出口货物征收的税种，每件征收制钱3文，其征收对象主要是华商。船舶注册费是对浙海关编号注册船只征收的注册费，每年100海关两。按照当时浙海关规定，所有货物装卸及码头作业必须要在白天完成，周日及节假日不进行。与"引水权"相对应的是宁波内河沿线的"白水权"，根据中英《南京条约》，宁波被辟为通商口岸后，英美等国在宁波江北岸外滩一带开设领事馆，并修筑住宅、教堂等设施，形成了外国人聚集的居留地。由于对外国人居留地范围没有正式的文件规定，这使得当时的法国天主教堂非法侵占了新江桥至宁绍码头一带的水岸线。教堂将这一带岸线出租给别人修筑码头、停靠船舶。这就是民国时期所谓的"白水权"，其实质是宁波港水岸线的管理主权。由于政治因素，民国早期宁波的航政管理主要围绕管理权展开。1919年前，宁波港的引水员皆由外国人担任。随着五四运动的爆发和中国民主革命的兴起，加上1921年英籍引水员引领一艘糖船搁浅导致船商损失惨重，沪甬两地航运界及商人给当时的浙海关施加了很大压力。在社会舆论压力下，当时宁波税务司和港务长不得不撤换两名外籍引水员，选用在宁波航运界有丰富经验的周裕昌、顾复生担任引水员。随后在反帝浪潮下，浙海关港务长一职也改由中国人柯秉璋担任。相比"引水权"的收回，宁波"白水权"的问题更为复杂。1927年7月下旬，宁波地方人士王斌孙、陈行荪等人致函宁波市政府，主张收回"白水权"。此后，宁波市政府借此开始制定章程，拟定收验契约的办法和日期，决心将江北岸一带私自出租的岸线一律收回。不过当宁波交涉员向宁波各国领事馆交涉的时候，立即遭到英法领事的反对和抗议。英国驻宁波领事馆领事认为宁波市政府制定的章程没有经过外国在华公使团审议，不具备约束力。据此，领事馆认为宁波市政府不能收回英商在宁波的私产。而法国领事馆更是以1899年宁绍台道的照会为由，认定当时中国政府已经将这一地带所有权转于个人。此后，宁波市政府根据外交部指令，对《宁波市暂行租用江河沿岸码头章程》进行了修订，并于1928年3月17日上呈浙江省政府和外交部核准。但之后宁波市政府一直未收到回复文件，此事不了了之。1931年宁波行政区划发生变化，"白水权"问题划归鄞县管理。在当地民众要求下，鄞县政府制定《鄞县水岸线租借暂行规定》，上报省政府建设厅核准后于1932年1月实施。根据该规则，宁波沿江两岸水岸线划归国有，所有个人与单位在内河岸线修筑码头等港口设施，均需要向县政府申报和租用。为此，法国驻沪总领事馆向中国政府提出抗议。在鄞县政府提出强有力证据以及外交部的积极争取下，宁波"白水权"于1933年8月正式收归国有。

台州海门港的航政在晚清时期由临海县衙与黄岩镇中营共同管理，其职责是给出入口的商渔船只发放、验收执照，收取"号金"，检验船舶，维持水上交通和安全。海门设立渔团局，船舶出入由当地渔团管理。这一局面一直维持到1897年海门港轮埠的建立。与宁波非常相似的是，海门港南岸岸线被当时法国天主教堂侵占。海门天主教神父李思聪依靠教会势力，霸占海门印山书院和海门港埠，并在其地上修建新式轮埠，供轮船靠泊。这时海门港由法国天主教堂和地方渔团局分别管理。民国后，按照1914年8月1日浙江省政府命令，海门港进出口船只的营业执照发放及牌照费的收取改由水上警察厅负责，不过该税种遭到船户反对故而作罢。同年 10 月，林海绅商集资 20 万元成立海门振市股份有限公司，从法国天主教堂赎回码头涂地及运营权。其后海门港的航政管理由海门振市公司和浙海关常关海门分关共同管理。前者负责码头基础建设和运营，后者则负责船舶的出入口事务及港口航标等引水设施的维护。

与海门港不同，随着晚清瓯海关的建立，温州港的航政工作就由瓯海关负责。民国建立后，瓯海关仍然由外国人把持。1913 年 4 月，瓯海关正式兼管温州常关，但海关和常关仍旧并存。1920 年 5 月，瓯海关对晚清时期制定的《温州口理船章程》进行了大规模修订。尽管修改后的章程对港口的边界和范围没有进行明确的划分，但是章程中对锚地的区域做了调整，原来船舶停泊的下游锚地被撤销，保留下来的是海门港东门株柏浦至西门浦桥浦段的城区锚地。除此之外，章程增加了不准在港口内快速行驶、不准在港区任意鸣笛等细节性条款。同时，鉴于海门港进出船舶所装载货物的不同，特别对装载易燃品、爆炸品船舶的停泊和装卸，有疫船舶的停泊和检疫事项都做出了具体的规定。在卫生防疫方面，按照章程的规定，如果发现进港船只有传染病患者或死者，必须悬挂疫情信号旗，并按照港口管理部门的要求在指定地点锚泊，未经理船厅或港口卫生检查员同意之前，船员和旅客不准上下船。1926 年 5 月 12 日，瓯海关首先公布了《温州口暂行卫生章程》，对于港口卫生检疫有关事项，如由关医担任港口卫生员、有疫船的锚泊地点，以及有疫港口、有疫船只、有疫嫌疑船只的定义等，都做了具体的规定。其后，随着南京国民政府的建立，海关卫生检疫工作自 1930 年 7 月 1 日起逐渐向卫生部海港检疫处移交，不过温州港的检疫工作则仍旧由瓯海关负责。

（二）南京国民政府时期的浙江航政管理

1927年南京国民政府交通部成立后，陆续颁布了船舶、船舶登记法等有关船舶行政管理的法规。1931年，上海、汉口、天津、哈尔滨等地航政局相继成立，所属各地根据具体业务情况，分别设立办事处或船舶登记所。同年7月1日起，原由海关负责管理的船舶登记、检查、丈量等工作，移交航政局办理。1931年7月1日，上海航政局成立，辖区包括江苏、浙江和安徽，局址设在四川路33号。上海航政局内部设立第一科，下辖庶务股、文书股、统计股、出纳股；第二科，下辖登记股、验船股、考核股；此外还设有船舶碰撞委员会和航线调查委员会。同年12月，上海航政局下设镇江、南京、海州、宁波、南通、温州、芜湖、安庆等14个办事处。1932年7月，各办事处改为船舶登记所。1933年3月，船舶登记所恢复为办事处，并合并为镇江、芜湖、宁波、温州、海州5个办事处。上海航政局的主要职能有：负责航路及航行标志的管理和监督，管理并经营国营航业事项，负责民营航业监督事项，负责船舶发照注册事项，负责计划筑港及疏浚航路事项，管理监督船员、船舶、造船事项，负责改善船员待遇事项，负责处理其他航政事项。不过在上海航政局的实际运行中，上述各项职能并未全部涉及。在全面抗日战争爆发之前，上海航政局仅负责中国船舶的登记、检查丈量、船员考试发证、进出口船舶登记及签证等。其余各项权利被海关、水上警察厅、各省建设厅下设航务管理部门分割。

上海航政局宁波办事处从其设立直至抗战全面爆发均未发生大的变动，而上海航政局下属的海门及温州办事处机构则多有变化。1931年12月，上海航政局温州办事处设立，其后因机构精简，于1932年7月1日改为上海航政局温州船舶登记所。1933年3月1日，上海航政局温州船舶登记所又改为上海航政局温州办事处。该处平时的工作主要是管理船舶登记、检查、丈量、船员考核。上海航政局海门航政办事处与温州办事处同时成立，其职能限于登记、丈量与检查20总吨以上的轮船及容量200担以上的民船。由于九一八事变的影响，海门航政办事处因为经费不足于1932年4月13日裁撤，其业务归并到温州航政办事处。1934年10月8日，上海航政局重新设立海门航政办事处，不过是由宁波航政办事处兼理。初期上海航政局海门航政办事处设在海门永慈堂码头道头，1935年1月5日搬迁至东新街14号新永川公司。在管辖范围上，海门航政办事处与浙江省建设厅航政局第四区管理船舶事务所第五分所的职能有相当大的重合，不过后者所管辖的船只不仅限于沿海，还包括内河船只。这种重叠管理在其后的实际操作中不仅没有达到船舶安全管理的效果，反而给各部门推诿责任提供了借口。作为浙江南北航运的中间节点，航政管理的任何细微差错都会导致严重的海难事故。北京政府时期，因为台州沿海没有专门的官方航运管理机构，使得1923年3月1日发生了非常严重的"金清"轮超载倾覆事故，船上900名旅客仅生还70余人。10年后，即1933年1月，台州海域又发生了"新宁台"轮超载倾覆事故，船上500余人无一生还。究其原因，是当时航政部门的重叠管理导致各部门各行其是，使得这艘违章船只有机可乘，最终导致海难的发生。

在上层管理部门逐渐完善的情况下，地方航政管理体制也随之发生变化。根据南京国民政府交通部的要求，浙江省政府开始整顿本省航运，并在建设厅下面设立航政局，统一管理本省航政事务。1927年11月，浙江省建设厅航政局在省内8个区域设立管理船舶事务所。从《浙江省各区管理船舶事务所及所属各分所组织规程》中我们可以了解到，浙江省建设厅航政局下属的各个管理船舶事务所的职能主要有：船舶查验，船舶执照颁发，船舶取缔，船舶注册，船照收费，其他航政事务。由此可见，船舶事务所的职权仅限于船舶和各项行政事务，港务的管理仍由海关负责。各区管理船舶事务所设所长1人、会计员1人、事务员2人、稽查1人、书记2人，其中所长和会计员由建设厅委任。浙江省建设厅航政局成立后，在管理浙江沿海船舶方面，已经逐步取得成效，但是在航政设施的投入及如何引导全省民众对航政事业的理解和支持方面仍需要更加努力地工作。

按照1931年修订的《修正浙江省管理船舶规则》，浙江沿海及内河航行、停泊船只必须呈请管理范围内的事务所查验及申请运营执照，其报验单分为三种类型。甲种报验单针对轮船、汽船等，其填写内容包括：船舶所有者姓名（如系租赁，并应填写租赁者姓名），船舶名称，船舶类别及其制造年月日及场所，船舶的长宽深度及梁头尺，起止码头地点及经过处所，航线图说，购置或租赁及其价值，船舶载重及总吨数（总吨数=载重量+船只重量），拖带船只的数目及各船只总吨数，机器名称及马力与行驶速率，管理员及舵工与机手的姓名履历，候验地点。乙种报验单针对普通船舶，其填写内容包括：船舶所有者姓名（如系租赁，并应填写租赁者姓名），船舶名称，船舶类别及其制造年月日及场所，船舶的长宽深度及梁头尺，起止码头地点及经过处所，航线图说，购置或租赁及其价值，船舶载重量，管船员及舵工或船夫的姓名履历，候验地点。丙种报验单针对免费船舶，其填写内容包括：船舶所有者姓名，船舶名称，船舶的长度，管船员及舵工或船夫的姓名，候验地点。所有注册船舶须按照规定分别征收牌照费或免费，牌照费分两期征收，第一期自每年一月起，第二期自每年七月起，牌照在收费时发放。在实际征收当中，牌照费的征收标准有三种：第一种是按照吨位征收，第二种是按照船只大小征收，第三种是按照船只数量征收。

二、战时及战后的浙江航政管理

自抗战以来，浙江正常的航政管理被打破。随着战争的扩大，浙江沿海港口和航线均处于日军侵扰的范围。作为抗战最前沿的上海，则成为中日双方争夺的战场。在此情形下，上海航政局对浙江航政事务的管理日渐微弱。与此同时，地方军事当局也因战局需要并始逐渐插手浙江各港口日常航政管理工作。1941年前后，宁波、台州、温州先后沦陷，浙江航政管理一度成为一纸空谈。其后随着太平洋战争的爆发和日军兵力的收缩，浙江航政事业逐步在温州、台州得以恢复。这一时期的航政管理除传统的引水、港口防疫等工作外，更多的是配合军事需要，稽查违禁物品，防止敌特破坏等事务。抗战胜利后，浙江沿海各地港务管理部门逐渐恢复职能，并承担港口的战后重建工作。

（一）战时及战后浙江航政管理机构的变革

与南京国民政府成立后的前10年（1927—1937）相比，抗战全面爆发后，浙江航政管理部门由以前交通部航政管理处与浙江省建设厅航政局"两驾马车"变为增加地方军事机构的"三驾马车"管理模式。

1937年抗日战争全面爆发后，随着战局的恶化，上海航政局被迫裁撤，而原属于上海航政局的宁波航政办事处升格为交通部的直属机构，其名称改为"交通部直辖宁波航政办事处"。1940年7月，日军封锁宁波港，浙江航运与贸易的中心南移到石浦与海门。为适应航政的需要，交通部于7月16日命令在海门葭芷镇设立交通部直辖海门航政办事处，归宁波航政办事处兼理。次年1月11日，宁波航政办事处派驻人员设立海门分处，开始办公，主要办理轮船登记、检查、给照事项，并拟定《未登记给证轮船第一次来椒办法》。1941年4月，宁波沦陷后，交通部直辖宁波航政办事处被迫迁往海门。其后宁波航政办事处接到交通部指令，成立兼理办事处，与宁波航政办事处合署办公，全称为"交通部直辖宁波航政办事处兼理海门航政办事处"或"交通部直辖宁波、海门航政办事处"。交通部直辖宁波航政办事处兼理海门航政办事处的管辖范围包括宁波、台州两地的内河及外海，主管大小轮船及200担以上的帆船。1940年后，"交通部直辖宁波航政办事处兼理海门航政办事处"的职能多受到由浙江省政府成立的浙江省驿运站的干扰。这一情形直到1942年3月国民政府军事委员会修正《浙东沿海各口岸通航暂行规则》，限定浙江省驿运站的权限后才得以改善。1942年5月1日开始，管制出海帆船的事项统一由航政办事处负责。抗战胜利前夕，宁波港复航，海门港就无设置交通部航政办事处的必要，遂于1945年6月奉令裁撤。交通部直辖海门航政办事处自1940年7月设立到1945年6月裁撤，存在整整5年。同时，由于浙江、福建等省海运业务的停顿，温州、宁波、福州、厦门等地航政机构业务日益减少。因而温州航政办事处于1945年4月被裁撤，其业务移交浙江省政府。该处除原主任陈继严留守外其余人员即行解散。

与此同时，浙江省建设厅于1937年7月29日公布《浙江省建设厅管理轮、汽、航、快船规则》。依照该规则，凡是浙江沿海出入船只，除向交通部航政办事处注册外，还需在申请所在地县市政府注册，由省建设厅核准后给予执照。这就意味着，在浙江沿海港口出入的船只须由交通部航政办事处与建设厅交通管理处双方许可之后才能出海航行。1939年5月，浙江省交通管理处改组为浙江省船舶管理局，并在浙江沿江设立船舶办事处。同年8月1日，浙江省建设厅又通过《浙江省船舶管理局各江办事处及各地管理站组织通则》，进一步规定各办事处的职能是管理全省沿江船舶的登记、编组、征集、调拨、输送、监护、水上交通管制及运输维护等，隶属于浙江省船舶管理局，性质为浙江省建设厅下属战时沿江军事管制部门。1940年，浙江省船舶管理局还办理船舶注册、给照及颁发通行证等业务，此项职能与同时期交通部直辖浙江港口航政办事处的职能相重合。1940年3月20日，浙江省船舶管理局下达《浙江省船舶管理规则》《浙江省船舶管理局发给轮汽船牌照收费办法》《浙江省船舶管理局发给通行证收费小法》《浙江省战时船舶管制办法》等一系列地方法规。1940年5月，浙江省船舶管理局发布《浙东沿海各县渔帆船出口发给通行证临时办法》，对出海渔帆船填发通行旗证。1940年冬天，浙江省驿运处成立，要求浙江无论大小轮船及帆船均在该处登记，发给牌照，方可航行。1942年3月，军事委员会修正《浙东沿海各口岸通航暂行规则》，将浙江省驿运处的权限限定在管理内港、内江帆船的范围，轮船及出海帆船不在其管辖范围。抗战进入相持阶段后，为严格管制温州、台州各港口，浙江省政府于1940年3月在温州临时成立"浙江省战时温台航运管理处"，由浙江省温台防守司令黄权兼任处长。10月，海门港恢复外海航运。因已有交通部直辖的海门航政办事处，"浙江省战时温台航运管理处"自无存在的必要，就于同月裁撤，所有管理轮船出入通航港口的事务，交由宁波与海门航政办事处办理。

抗战时期，随着战局向浙江蔓延，宁、台、温均处国防前哨。在战争环境下，地方军事机构也参与了港口的管理工作，并逐渐主导浙江沿海的日常航政管理。1938年10月，国民党政府委员会颁布了《沿海港口限制航运办法》。根据办法的规定，浙江沿海各地方军事当局可根据战局的需要开放或封锁港口，并禁止船只通航。不过在抗战早期，浙江沿海尽管受到日军骚扰，但仍保持了较为畅通的海运，可以为中国抗战输送海外物资。因此，在这一时期，浙江沿海守备司令部并未完全封锁港口，所有出入港口的船只也被同时纳入沿海守备司令部管理范围。据此，地方军事机关获得了对战时港口进出口货物查验的职能。如战时外籍船只行驶浙江沿海港口，首先须由当地公司或代理号呈请航政处，航政处核咨地方军事当局后才准予办理轮船通行证书。此后，航政处还需向第三战区司令长官部、第十集团军总司令部、台州守备区指挥部进行备案。船只进港口，航政处依照第十集团军总司令部制定的《浙东沿海各口岸通航暂行规则》，将检查材料函送第十集团军总司令部备查。

1945年8月抗战胜利后，宁波航政办事处得以恢复。10月，宁波航政办事处复名"交通部上海航政局宁波办事处"，地址在宁波外马路21号。办事处包括主任1人、技术员2人、员役10人。同年12月11日，温州航政办事处亦重新设立，归上海航政局管辖，恢复战前原名"上海航政局温州办事处"。其职责基本与战前相同，办理船舶登记、检查、丈量以及船员的考核等工作。1948年1月起，温州航政办事处又接管了引水工作。

（二）战时浙江航政管理活动

1937年7月7日，中国全面抗战爆发。8月13日，日军大举进攻上海。为防止日本海军在中国沿海登陆，南京国民政府下令征用全国各轮船公司轮船、趸船自沉于港口航道。上海沦陷后，日军侵扰浙江沿海各口岸，进攻镇海和宁波。为此，宁波城防司令部下令将招商局"新江天"轮沉于甬江口，防止日军登陆。1938年，宁波城防司令部又下令在镇海入海口打下梅花桩，作为阻止日本军舰入侵宁波内江航道的第一道防线。镇海口的封锁使得上海前往宁波的旅客只能乘船到台、温港口，然后经陆路前往宁波。在宁波旅沪同乡会的请求下，宁波军事当局制定行驶舟山新办法，规定载货船只行驶舟山须提前由军事当局批准，凡特准船只可以通过封锁线，驶入宁波内港。另外，所有靠泊船只只准兼湾，不得"由沪直放"。6月，随着战局的缓和，宁波军事当局准许轮船搭载人员停靠舟山。往来沪甬旅客，可乘船到舟山，再由舟山乘坐小轮船抵达宁波。同年7月，浙东防守司令部规定货轮行驶办法，按照规定：凡是停靠浙东沿海船只的押货人员必须持有证明文件，绝对禁止外轮私自搭载旅客，所载货物不能超过贸易委员会的限制；所有船只必须遵守各江戒严条例，接受沿线军警登轮查验。对于违反规定的船只，除了取消其特准航行权外，还会有相应的处分。其后，随着日本海军的骚扰，宁波港时禁时松。1939年初，第十集团军总司令部颁布修正通航办法。依照办法规定，对于航行沪甬船只，军事当局不限制其搭载旅客，但对可以乘船的旅客做了规定：（1）本国16岁至45岁男子，未持有合法证件（身份证或当地县政府以上机关证明）的人员不得乘船；（2）因公出差公务人员须持有派遣机关证明文件，投考入学学生须持有原籍县政府或学校证明文件，否则不得乘船；（3）往来商人须填报申请书，附本人两寸照片一张，并由当地2000元以上商铺作保，或持有当地县政府及以上机关证明文件，否则不得乘船；（4）轮汽船员，非持有该船证件，不准上下码头；（5）入口旅客，须持有合法证件，否则将斟酌情形，予以扣留、拒绝登岸或取保放行；（6）凡国内土产货物，未经许可或不合浙省政府规定，一概禁止装运；（7）日货禁止入口，其他国家商品，除中央或浙省政府明令限制的外，一概听其输入。另外，宁波城防司令部下令将当时停泊在甬江上的"太平"轮、"福安"轮、"大通"轮、"定海"轮、"新宁海"轮、"象宁"轮、"姚北"轮7艘轮船，以及"海光""海皓""海星"3艘小兵舰，再加上8艘大帆船，总计18艘船只自沉于镇海口招宝山到小金鸡山一带，作为阻止日军登陆的第二道防线。1940年，宁波城防司令部又将"凯司登"轮和"海绥"轮沉于镇海拗鳌港转弯处作为第三道防线。至此，宁波港作为货物中转的功能消失。除了熟悉航道的小型轮船外，大部分船只已无法停靠宁波港。其后，随着日军占领宁波，交通部直辖宁波航政办事处被迫搬迁到台州海门。

几乎在宁波港封锁的同时，第三战区司令长官部下令驻台州海门的浙江省第七区行政督察专员兼保安司令于1938年3月4日起封锁海门港。海门港封锁线北起松浦闸下，南至飞龙庙下，在椒江口外台州湾。该封锁线由11—12米长的松木桩和沉船、沙石组成，6月25日完工。不过此次封锁时间不长，1938年7月18日至1939年3月，海门港又短暂开放，准许船只出入贸易。海门港的封锁与开放均是有限度的，要受到军事机关的管制。1938年7月，驻守浙江的国民革命军第十集团军总司令部公布《浙东沿海各口岸及钱江南岸各口通航临时办法》，对通航做出限制。同时，出于外籍轮船来华贸易的需要，国民党中央军事委员会于同年7月发布《沿海港口限制航运办法》，规定中外轮船在战区内或戒严区域内航行，必须取得航政机关发给的通行证书。1939年，地方军政当局又封锁海门港上游的三江口与口外的金清港。但是，这一封锁线留有缺口，以便小型船舶出入。如1939年5月，海门组织"台州草帽运销处"，将收购的草帽一度由内河转运至温州港出口。另外，1939年3月至1940年9月海门港关闭期间，曾于1939年10月至次年3月短暂开放，以便船只在金清港与岩头运销结果。而在封锁期间，经特许后，仍有少数轮船进出。如1940年9月，"曼丽·密勒（S.S.MarieMoller）"轮与"江定"轮先后停靠海门港。1940年宁波镇海失守后，日军于7月16日封锁宁波港，沪甬线和沪瓯线停航，浙东贸易中心南移至石浦和海门。出于贸易需要，1940年10月至1941年3月，海门港短暂开放，准许外轮出入。其间，海门于1940年10月恢复与上海、石浦的通航，"高登"轮、"海宜"轮、"海福"轮、"永生"轮、"利平"轮、"永茂"轮、"江南"轮、"曼丽·密勒"轮、"克来司丁"轮、"海康"轮、"飞康"轮、"瑞泰"轮、"江定"轮、"新安利"轮等先后通航上海—

石浦—海门线。1941年3月，国民革命军第十集团军总司令部公布《浙东沿海各口岸通航暂行规则》，开放庵东、穿山、石浦、椒江、清江、瓯江、飞云江、鳌山各口岸，准外轮出入。同年4月19日，日军在宁波、石浦、海门、温州登陆，宁、台、温一度陷落。因此，台州守备区指挥部于1941年4月起关闭海门港，禁止轮船出入。5月3日日军撤退后，台州守备区指挥部于7月又关闭帆船出入口，同时关闭金清港与松门的交通。这次关闭时间很短暂，同年7月又准许轮汽船在松门港进口，11月又准许帆船在金清、岩头出入。不过此后，随着日军对中国沿海的封锁日益严格，海门港进出轮船的数量逐渐减少以致绝迹。轮船停航后，帆船趁机而起，代替轮船进行贸易运输。"椒江口外，港汊密集，海关难以控制的临海县上盘、杜下桥，黄岩县的金清港，温岭县的石塘、松门，以及玉环岛，乐清湾的乌根、水涨等就是走私活跃的处所。帆船就在那些地方秘密装卸货物，然后通过内河输往温、台各地。"1943年9月，经海门航商的要求，封锁线内的帆船准予出海投入航运。但是出于军事防卫的考虑，这一时期的帆船只准出不准进，不能驶入封锁线，只能在岩头起卸货物。

　　与宁波、海门港相比，温州港口的局势相对比较安定，尽管先后沦陷两次，但不久即被光复。因此，在抗战的大部分时期，温台防守司令部并未宣布封锁温州港，禁止港口通航。1941年5月温州第一次沦陷光复后，温州守备区指挥部先后下令封锁瓯江南水道和北水道，禁止船舶进出。所有进出港船舶只能在瓯江下游离温州市区15公里的瑞头靠泊。同时从温州市区驶出的船只，最远也只能到瑞头。在实际操作中，封锁令并未得到严格执行，40吨以下的木帆船一般都能进出封锁线，在温州港靠泊。4个月后，温州军事当局放宽封锁令，中型木帆船在海关办理手续后均可出入温州港。次年8月，温州港再次沦陷光复，温台防守司令部再次加强对瓯江的封锁，结果导致粮食、食盐、水产品等生活用品无法运入温州市区，给市民生活带来困难。基于此，温州当局于1943年1月准许装载生活用品的船只进出温州港，而其他船只只能在磐石、永强两地靠泊。根据温台防守司令部规定，进出温州港轮汽船都要申领军事通行证。很多时候，温台防守司令部会在核发通行证的时候进行敲诈勒索。如1941年1月，"民和"轮因未能满足温台防守司令部非法要求被长期扣留，结果导致该轮在1942年5月28日被日机空袭炸沉。

在浙江战时航政管理当中，军事当局明确船只能否进出港口以及进出港口的时间，而交通部下属航政办事处则承担对进出港口船只的管理工作。宁波沦陷后，交通部在台州海门设立直辖海门航政办事处，其职责是：负责内河外海大小轮船及容量在200担以上的木帆船只检验、丈量、登记及各项证书核发事项，航业督导事项，船员及引水人员考核监督事项，造船修船监督指导事项，航线支配核定管理事项，其他航政事项（如防止帆船资敌，管制出海帆船），办理外籍轮船给证事项（这是本国轮船转移外国籍后通航开放口岸，所举办的特殊航政事宜）。1939年，交通部直辖宁波航政办事处公布施行《新订轮船进出口发证办法》，按照规定，行驶宁波内港之间船只在进出口时，须凭该处核发至内港签证单，向浙海关呈验结关放行。外海轮汽船只，自1939年3月1日起，第一次进口时，须预先向该处申请核发进口通行证，再呈请宁波防守司令部通知镇海各警队查照放行，以后每次进口通行证书存放船上，经镇海各警队查验收缴后，才准行驶。如果遇到特别情形，来不及办手续的轮汽船，进口时要说明事实，请宁波防守司令部核定办理。自1939年3月1日起，轮汽船每次出口时，需要先向该处申请核发出口通行证书，经浙海关呈验结关后，再呈向宁波戒严稽查处，查验收缴后才能放行。到抗战后期，海门航政办事处的具体工作有：1941年起，办理检、丈与登记船舶；1943年起，在调查各河流客货运交通的基础上，调整与开辟内河航线；1943年5月起，办理轮船业登记，小轮船注册给照，拖驳船码头船丈量、检查、注册、给照等事项；统一制定客货运价；1944年9月，公布《各轮应即注意办理之要点》等有关行轮的法规，对轮船航行规则、旅客安全及船员服务态度等进行规范，如轮船到埠，船员应在外接待，衣服整洁、语言谦和、态度诚恳等。除此之外，海门航政办事处于1943年9月拟订《防止帆船资敌办法》20条，对渔帆船修建、船只出入港口的时间、通行证书的核发等事项做了严格规定。该办法经由交通部电请第三战区长官司令部同意后，于1944年2月核准施行。而因国内外形势的变化，1942年3月军事委员会核发的《修正浙东沿海各口岸通航暂行规定》随着《防止帆船资敌办法》的颁布而废止。

第　三　章

浙江海洋渔业经济

对于沿海居民而言，靠海吃海，向海洋要食物是一个悠久的传统。早在河姆渡时期，先民就已经知道沿海滩涂上的各种生物是可以食用的。我们去余姚河姆渡博物馆参观的时候，能从考古挖掘出来的各种化石和根据当时场景复原的一幅幅图片中感受到，贝壳、鱼类、海生植物已经成为人们日常饮食中所必不可少的一部分。从宁波到台州，再到温州沿海，我们有理由相信，随着沿海居民海洋活动的日益频繁，特别是各种海上交通工具的出现，人们从海洋所获取的食物也日益增多。这种由区域地理环境所决定的活动方式不仅使得先民的日常饮食习惯刻上了深深的海洋烙印，更推动了海洋捕鱼的扩展。随着历史的发展，浙江的海洋渔业不仅满足了沿海居民日常饮食的需求，还逐渐壮大成影响众多沿海居民生计的一种经济产业，优越的地理环境孕育的丰富海洋渔业资源使得浙江海洋渔业成为世界海洋渔业最发达的区域之一。浙江的海洋渔业，在产业结构上我们需要了解海洋渔业捕捞和养殖、海洋渔业加工和运输、海洋渔业销售和企业等涉及产供销三个节点的渔业活动；在渔业活动范围上，我们需要了解海洋渔业从潮间带捕捞、近海捕捞到远洋捕捞的整个脉络。渔业产业结构的各个节点活动是海洋渔业作为一门经济产业一开始就具备的，其后是一个逐渐成熟的过程。而渔业活动范围的变化和渔业生产技术的进步都是随着漫长历史发展而逐渐丰富起来的。因此，我们对于海洋渔业的了解将从最早的潮间带捕捞开始，一直延续到动力渔船的远洋捕捞时期。

第一节 古代浙江海洋渔业经济的发展与繁荣

浙江的海洋渔业最初只是自发的为了满足自身需求的潮间带海洋生物采集，常见的近海鱼类、虾蟹与海藻类逐渐成为沿海居民的桌上佳肴。随着捕捞技术的进步，除食用外，大量海产品作为商品成为渔民与其他居民交换的主要产品。由于交通技术和保藏手段的制约使得大多数海产品的交换都局限于环渔区城镇。浙江早期的海洋渔业经济无论是在数量上还是产值上都呈现出逐渐增长的态势，而从简单的商品交换到形成规模化产业则经历了漫长的历史时期。浙东运河的开通和浙江沿海宁波、温州和台州等港口近海航线的拓展，特别是冰鲜保藏技术的出现与推广，浙江海产品从近海城镇逐渐远销至周边内陆城市和沿海港区。船只的大型化与风帆技术的成熟使得渔船不仅可以摆脱潮间带的限制进入深海捕鱼，而且可以搭载更为专业化的捕捞工具在不同季节从事不同海产品的捕捞作业。更为重要的是，渔业技术的逐步革新使得渔业捕捞分工逐步出现，从生产、加工、运输到销售形成了一条完整的经济产业链。到晚清时期，浙江仅宁波的渔船数量就突破五千艘，从业人员有数十万之多。

一、浙江海洋渔业经济的发展与繁荣

浙江的渔业历史可以追溯到河姆渡文化时期，不过当时仍属于自发的渔业食物采集，渔业经济在捕捞技术还未成熟的商周两汉时期仍处于小规模的自发交换阶段。随着造船技术与人们对海洋认知的提高，海洋渔业的规模化捕捞成为可能，这就使渔民手中无法短期食用完的海产品进入流通环节，并成为沿海居民的佳肴。至此，浙江海洋渔业经济的雏形已经显现。汉唐时期海洋技术的革新，特别是造船技术的发展推动了渔船形态的大型化，使浙江渔民的捕捞范围逐渐从潮间带向近海转变，捕捞鱼层也从海面向海底扩展。在减少捕捞成本的同时，大量鱼类种群的发现及捕捞量的增加，进一步刺激了消费市场，海鲜成为浙江沿海居民日常生活的必需品。

（一）先秦时期浙江海洋渔业经济的萌芽

我们对于浙江早期海洋渔业活动的了解是从距今7000年的河姆渡文化遗址开始的。经过大规模的考古发掘，河姆渡遗址出土的鱼类不仅有淡水鱼类，还有大量的海水鱼类，甚至包括鲨鱼等深海鱼类。考古还发现，当时居民的肉食来源主要是海洋生物，除了前面提到的鲨鱼和鲸鱼，还有螃蟹、海龟和贝类等。除此之外，河姆渡遗址还出土了大量的土骨镞。考古学家认为，当时河姆渡居民应该已经可以使用弓箭射杀水中的鱼类。同时，使用芦苇编织的渔网捕捞也是存在的。在余姚河姆渡遗址发掘出来的木桨和跨湖桥遗址出土的独木舟均证实了当时的浙江沿海居民已经可以在沿着海岸的潮间带上进行捕捞活动，而不仅限于在海滩上进行采集作业。

考古学家在温州永嘉和乐清相继发现的石网坠、蟹化石、石锚、铜鱼钩等文物，说明在距今4000—5000年的新石器时代，浙江沿海居民已经在浙江沿海浅海滩涂用网具捕捞鱼类了。同时期良渚遗址发现的大量竹编器物证实了浙江北部已经出现了专门用于鱼类捕捞的网具。

从远古时期到秦王朝的建立，包括浙江的中国沿海区域在海洋渔业捕捞活动中经历了两个变化，一个变化是捕捞工具的变革，另一个是捕捞船只的变化。尽管在现存的浙江本地文献中我们很难看到这一变化过程中有关浙江沿海渔业捕捞活动的记载。但北方沿海的渔业生产技术与南方渔业生产技术的交流随着政治的大一统和交通的逐渐便捷而更加频繁是实际存在的。因此我们可以从当时全国性的对于海洋渔业描述的文献中去窥视浙江海洋渔业发展的轮廓。先秦文献中有诸多关于帝王命令海中捕鱼的记载，除了用渔网在潮间带捕捞外，还有使用带绳索的标枪和弩箭来射杀大型海洋生物的活动。如《庄子》中有"投竿而求诸海""投竿东海，旦旦而钓"的论述。可见在先秦时期，中国沿海渔业捕捞活动已经非常普遍。

吴越时期的文献记载表明，当时的海洋渔业已经逐渐规模化，除了海洋捕捞之外，海产品的加工也在漫长的探索中出现，利用太阳光将海产品脱水保藏成为当时比较流行的保藏方式。而海产品的加工使得其长时间保存和长途运输成为可能。尽管没有文献记载，但我们可以推断出当时海产品的销售市场已经具备了突破沿海岸线区域向内陆辐射的能力。由于地理环境和饮食习惯的影响，越人十分喜欢吃鱼、虾等海产品。相传越王勾践有一天对范蠡说："我老待在山上，很长时间没有吃上鱼肉了。"于是范蠡便提出人工养鱼，解决山区吃鱼难的问题。根据专家考证，当时的养鱼属于外荡养鱼的初级阶段，因此可以被认为是海洋渔业养殖的鼻祖。春秋战国时期，海洋渔业捕捞已经成为中国沿海诸侯国的主要活动与富强的源泉之一，越国也成为当时"海王之国"之一。由于地理环境的影响，在以海产品为主要肉食来源的浙江沿海区域，人们对海产品的需求是十分巨大的。当加工过的海产品可以长途运输的时候，海洋渔业的消费市场也随之扩展，进而带动海洋渔业捕捞的进一步发展。这些都为海洋渔业成为独立的海洋经济产业奠定了基础。另外，值得注意的是，先秦时期风帆技术的出现和推广使得浙江沿海渔船的捕捞活动区域突破了潮间带的限制，进入茫茫大海之中。但早期造船与航海技术的不成熟使得其活动主要集中在近海区域。此外，浙江沿海人口的稀少也在一定程度上限制了渔船的近海活动，因为在潮间带的捕捞和采集就已经能够满足沿海居民对海产品的消费需求。

（二）汉唐时期浙江海洋渔业经济的发展

秦汉时期，海洋渔业已经成为浙江农业生产的重要组成部分。汉代宁波所产列鲭酱已经被列为贡品，有"四方玉食之冠"的美称。可见当时浙江海产品的加工除了曝晒，还可以做成酱制品保藏。此外，奉蚶之类的贝类海鲜已成为宁波居民佐餐的佳品。

三国时期（220—280），吴国丹阳太守沈莹（？—280）所著《临海水土异物志》为目前所见最早记载浙东沿海水产资源种类的著作。据现存佚文统计，该书记载的海鱼蟹类就达92种。从种类众多的近海与远洋生物种类来看，这一时期浙江沿海渔民已经掌握了驾船出海捕鱼的技术，无论是造船技术还是捕捞技术都随着捕捞区域的变化而进步。此外，书中还有关于浙东近海种蚶子的记载，距今约1900年。

西晋时期（265—317），宁波海洋渔业捕捞技术有了进一步发展，无论是渔业捕捞品种还是捕捞区域都有所扩展。吴郡人陆云（262—303）在《答车茂安书》中对宁波海洋渔业生产方式有详细的描述。宁波一带可以捕获的水产种类很多，作业方式为在潮间带附近的浅海滩涂上插簖、堆堰，随潮进退，捕捉鱼虾贝类。与三国时期相比，此时的宁波海洋渔业从原先的在潮间带采集捕捞开始逐渐向近海扩张，其最明显的证据就是一些海洋鱼类如石首鱼、鮸鱼已经成为烹饪的常见原料。这些鱼类一般无法在潮间带捕捉，唯一的可能就是当时宁波沿海渔民已经逐步掌握了近海捕捞技术，这也从另一面佐证了这一时期浙江沿海的渔船已经普遍使用风帆。海洋渔业生产技术的进步带来的是海味在浙东人民的饮食结构中逐渐占据重要地位。陆云举出的海鲜菜肴的烹饪技法有脍、炙、蒸、臛（做成肉羹）。此外，陆云《答车茂安书》提到的烹饪原料还有蚌蛤之属、鲟科鱼类中的鳣鲔、鲽形目鱼类中的比目等。对于当时浙江海味的烹饪，时人写出了《会稽郡造海味法》一书，专门总结了会稽郡的饮馔经验。在海产品加工方面，南朝时，今苍南县蒲城一带以毛虾焯食，余者晒干。腌鱼更是十分普遍，当时称腌制的鱼为鲊。东晋隆安年间（397—401），孙恩领导的起义军几次从海上进攻又退回海上，人数众多，说明会稽、临海郡海域可以一时间不依赖大陆的粮草供应而生存，其中水产品丰富不能不说是重要的因素。

到唐代，据宁波人陈藏器（约687—757）所著《本草拾遗》《日华子本草》，明州（宁波）常见的海产品有淡菜、海蜇、牡蛎、鲳鱼、脆鲈、海虾、乌贼、蟢蛑、蚶、蛤等。可见到唐代，除了海洋生物鱼、虾、蟹之外，淡菜等海洋植物也逐渐被采集，成为沿海居民日常生活中的常用食材。除此之外，唐代浙江在海产品的加工与保藏方法上也有所创新。干，腌，浸，糟，酱，鲙（把物料细切成丝，一般生食），脯等成为海洋生物加工的常用方法，其中最为著名的如红虾米等干货，是非常利于贮藏和远销的。除了干晒外，酒糟、腌渍也成为海产品保藏的常用手段。陈藏器总结民间经验，提到海蜇成为"常味"，人们利用明矾水淹渍，使其去毒、脱水、防腐、变白，这说明预加工技术已被宁波人掌握。在海产品消费方面，唐五代时期明州人已经可以熟练运用煮、炸、臛、鲊、炙、脯、汤等加工烹饪技法，并有所讲究食用美感和外观美感。如鲊的做法，以盐、米酿鱼为菹，熟而食之，即将鱼肉加盐和米（糁、米饭）一起酿制。酿制而成的鲊，经蒸熟后产生的特殊香味，是非常诱人的。至于各类鱼鲙、鱼头羹，也是常见的佐食佳品。在唐朝，浙江宁波是上贡海产最多的地区之一，而且贡品除淡菜、海蛆少数几种为鲜货外，绝大多数为海产加工品，说明在唐代，浙江海洋渔业加工有了一定程度的发展。

（三）宋元时期浙江海洋渔业经济的繁荣

两宋时期（960—1279），浙江沿海渔民捕鱼的种类和范围又有了进一步的增加。《宝庆四明志》中已经将海洋植物和动物分别划归为"草之品"和"水族之品"，其中对水族类又做了进一步细分，如鲨鱼就有20种之多，螺有10种。得益于海外贸易的发展与造船技术的提高，在宋代，浙江海洋渔业生产活动已经跨过潮间带向近海扩展，并开始走向汪洋大海。另外，由于浙江沿海地区土地贫狭，于是靠海吃海，从事海洋捕捞成为居民重要的谋生手段之一。在长期的生产作业中，浙江沿海的渔民们积累了丰富的经验，逐渐发现并掌握了鱼汛和各种鱼类的活动规律。如他们掌握了石首鱼（即大黄鱼）顺时而往还的规律和出没地点，每年三四月间，便成群结队前往洋山海面捕捞石首鱼，声势十分壮观。因中原地区的战乱，大量人口从北方向南方迁移，浙江也迎来了人口增长的一个高峰。大量人口对水产品消费的增加不仅推动了海洋渔业捕捞的发展，也促进了沿海水产养殖业的兴起。江珧是肉用价值很高的珍贵海产品，以明州沿海所产品质最好。南宋时明州百姓掌握了养殖江珧的技术，为以后浙江海贝类的大量养殖奠定了基础。海洋捕捞业与滩涂养殖业的发展，使浙江海产品产量大增，渔民们除将部分鲜货直接投放到周边市场外，大部分则通过特殊加工予以贮存，海产加工业随之兴起。当时浙江鱼类食品的加工主要采用腌制、干制，或腌制后再曝干，成为腌腊食品。如石首鱼用盐腌制晒过后可以保存很久，鲦鱼在夏初的时候晒干可以保存很久，短鱼、魟鱼、鲟鳇鱼等也多制作成鲞或鲊。此外，也有将海产品加工成酱类食品的，如昌国县岱山制作的鲞酱，以风味独特而出名。腌制和鲞制食品的推广使得食盐成为浙江沿海渔民海产品加工不可或缺的材料，进而推动了浙江海洋制盐业的发展。

元代，浙江大量的百姓从事海洋渔业生产，其渔业已经由潮间带采集转为以近海捕捞为主。各种鱼、虾、蟹和贝类是捕捞的主要对象。在长期的劳作过程中，渔民们积累了大量的经验，掌握了鱼汛的规律。如在捕捞石首鱼的过程中，渔民得出了这样的经验：冬月里捕获的鱼肉质细腻，质量上乘；三月、八月里捕获的品质稍差。每年的四五月间，鱼汛到来，渔民们便驾驶大船进行捕捞作业。另外，在春鱼的捕捞旺季，每年的三月，渔民们争先恐后地捕捞，并称之为"捉春"。除此之外，海产养殖业也出现在这一时期的文献记载中，一些人在海滩上养殖各种贝类。在滩涂养殖的还有蚶子，养殖蚶子的滩涂成为"蚶田"。而这一时期海产品的加工基本沿用了宋代的技术，一般是采取用盐腌制的办法，用于腌制海产的盐称为"渔盐"。当然，海产的保存并不一定非要用盐腌制，还有一种方法是将其暴晒，使其成为鱼干，如比目鱼。

二、明清时期浙江海洋渔业的产业化

明清时期，浙江海洋渔业经济日益成熟，形成一条自生产、运输到销售的完整产业链。在捕捞过程中，渔民分工也日渐出现，渔船合股经营的方式逐渐得到推广。同时近海养殖也在浙江沿海推广开来，海产品的来源逐渐多元化。渔业加工和销售更加成熟，除用食盐保存外，冰鲜渔业被大力推广，天然冰场成为海鲜冷冻的主要原料来源。在保鲜技术提高的基础上，浙江海产品的销售范围从环渔场海岸区域沿着水陆交通体系向内陆及周边沿海城市扩展。晚清时期，浙江宁波的墨鱼海产品更是成为重要的出口产品。

（一）明清时期浙江海洋渔业的捕捞与加工

明清时期，浙江海洋渔业生产已经非常成熟，其分工合作不仅有船只内部人员的分工，也有不同船只的分工。在同一船只内部有专门从事指挥、捕捞和后勤的人员，船只也有了捕捞和冰鲜的区分。在明末，浙江沿海渔业生产过程中不仅出现了专业化的分工，而且也出现了渔业雇佣工人。到康熙年间（1662—1722），这种雇佣方式逐渐发展起来，被称为"长元制"，即由占生产资料（船网）和资金较多的渔东雇佣渔工生产。大对船作业的薪酬支付方式采用包薪制，按渔工技术高低包定薪金，汛前付10%的定金，汛期内零星支付，汛（年）终结清，伙食由长元供给。到清末这种方式已经有了很大改进，小的渔船在出海捕鱼前就规定不同人的股份，以提高劳动生产效率。一般船老大在渔船中拥有双股，伙计、小伙计各有一股，伙工半股。就海上作业而言，除了职业渔民常年依靠捕鱼为生外，大部分从事捕捞的人员只有在大的鱼汛期才大规模出动。明清时期，浙江大规模的鱼汛主要是每年三四五月份的黄鱼汛和墨鱼汛。明代开始，浙江沿海渔民凭借着祖辈留下的捕鱼经验，就发现了海洋鱼类的鱼汛期。通过对鱼类生长和游动规律的掌握，沿海渔民可以针对性地安排渔场和捕鱼时间。如明代石首鱼在四五月的时候有，沿海渔民就每年在这个时候驾船出海。每当黄鱼汛来临，东南江、浙、闽三省沿海渔船纷纷出港自江苏淡水门开始跟着鱼汛南下，宁波、台州、温州的大小船只有上万艘，苏州沙船数百艘，在小满前后出海，可捕捞三次。同时，福建泉、漳、福兴一带及广东潮州一带船只，趁着南风向浙江、山东一带北上的时候也加入捕捞的行列。

　　不过，早期渔船仍然是按照老式的捕鱼方式进行作业，每次鱼汛大多只能捕捞三次，能否收获渔产品，很大程度上要看运气。每当捕鱼之前船头须向地方政府提出申请，经政府同意后才能购买出海所需的粮食，所以每年浙江沿海米价都会随鱼汛期产生波动。渔民捕捞后的渔产品，如果离海岸很近可随捕随卖，而对于在远离陆地海域所捕获的渔产品则需要先加工保鲜，然后运输到海港及内地贩卖。古代浙江传统的保鲜技术就是用海盐腌制，防止其在运输过程中腐烂。其具体方式是将盐以一定的比例涂抹于海产品的周围，然后在海岛上将其晒干脱水。保鲜技术的好坏直接影响到销售市场的远近：保鲜时间越长，销售市场越远，渔产品的价格就会越高，渔民的收入也会相应增加。海盐保鲜技术非常简单且实用，一般渔民很容易获得原料及保鲜方法。但这种保鲜方式有两点不足：一是保鲜后的口感不佳；二是捕捞成本上升。用盐腌制的海产品虽然可以保存很久，但是其营养价值及口感却会因此下降，对于沿海消费市场而言，这种保鲜后的渔产品并不是很受欢迎，更多的是渔民自身食用。另外，自古以来国家实行盐铁专卖，浙江沿海海盐的价格也由官府控制，海盐成本的高低与渔民收入成反比。因此，这种方式很难对渔产品销售起到太大的推动作用。

（二）浙江海洋渔业流通与销售

随着浙江海洋渔业生产的扩大，如何保证流通过程中海产品不会腐烂成为海产品市场扩大的重要问题。除了腌制外，随着渔业生产的扩大和天然冰的使用，大量刚捕捞上来的海产品用天然冰保鲜的方式进行长途运输。在元代，浙江宁波就出现了商业用途的天然冰窖。冬至之后，宁波镇海沿海居民在冰窖里储藏冰块，留到第二年渔期的时候使用。据学者们所究，明清时期已出现较大规模的专业冰厂，而它们主要就是为海洋渔业保鲜兴办的。用天然冰来保鲜的方式已经有悠久的历史了，但其在海洋渔业生产中大规模的应用，当在清嘉庆二年（1797）宁波镇海新碶头帮成立永靖公所之后。该公所拥有冰鲜船60余只，已经在当时浙江的海洋渔业生产中占有一席之地。就整个浙江而言，冰鲜业集中在宁波地区并不是偶然的，在当时，除了其靠近渔业产地之外，更重要的因素是其紧邻渔业消费市场，再加上宁波商业繁荣，以钱庄为代表的金融业相当发达，拥有强大的经济实力，可以提供冰鲜业所需要的庞大资金。当然最为主要的是冰鲜后的海鲜，其口感远远超过用盐腌制的海鲜，在市场上的受欢迎程度远远超过腌制海鲜，仅此就完全可以弥补冰鲜业的庞大成本和运输损耗。随着宁波港口的开埠，在国际市场竞争中传统的加工技术对宁波海产品的外销产生了很多不利影响。以墨鱼为例，宁波的捕捉地在舟山群岛。墨鱼捕捞上来之后，在墨鱼背上划几刀，用盐腌后，放在海滩上晒干，不取掉鱼骨，等到包装时，鱼干上仍留有大量沙子，虽增加了重量，但其销售大受影响。相比而言，当时作为贸易竞争对手的日本，他们制作鱼干就非常认真，在取掉鱼骨后将其放在席子上晒干，这样晒出来的鱼干没有一点沙子，受到东方各国的欢迎，甚至在宁波也有稳定的销量。因此宁波本地的大量墨鱼则被迫由舢板直接运往上海和长江流域各口岸。

明清以来，浙江沿海渔产品的销售通常有两种途径：一种是渔民与渔行签订协议，由渔行提供资金进行捕捞，其所获渔产品全部按照渔行规定的价格转卖给渔行；另一种就是在渔民自己拥有渔船的情况下，将捕获的海产品卖给前来收购海产品的商人。后者是近代浙江海洋渔业销售的主要方式。每年鱼汛期间，不仅沿海渔民纷纷出动，商机敏捷的商人也纷至沓来，在渔民上岸区域收购海鲜。这些沿海区域既包括常年开放的港口，也包括只有在鱼汛期才会繁荣的渔港。前者如宁波港这种常年开放的商渔港口，后者如仅在鱼汛期才出现的象山爵溪渔港。明清时期，由于商渔船制区别不大，港口的功能也未有明显的区分，一般有商船的港口都是可以停泊渔船的。而有商船的港口一般都比较接近较大的城市，有众多的消费市场。因此在非鱼汛期，渔民捕获的海产品一般会运到规定的商业港口去销售，而在鱼汛期则集中在专门的渔港销售，舟山沈家门和宁波石浦是浙江比较有名的渔业集散地。如果从渔业运销角度考虑，港口自身的发展对海洋渔业销售点的区域分布也有很大的影响。一般商业繁荣的沿海地区都是临港而居，其集中的人群与消费能力同时也吸引着渔业销售市场向其靠拢。晚清上海港的崛起就是一个明显的例子。随着上海经济的发展，以前浙江沿海运销宁波港的渔船纷纷将渔产品卖往上海。沿海渔商在收购渔产品之后，除了在本埠销售之外，更多的是长途运输到其他区域，以获取更多的利润。随着渔行的出现和专业分工的深入，浙江海鲜不仅由沿海运销本省内地，而且还远销苏南等地。而晚清时期宁波大量出现的天然制冰厂为鱼产品的保鲜提供了另一保障。在渔业保鲜技术不断提高的情况下，宁波海产品甚至远销至中国内地，以及海外。这里要指出的是，在浙江沿海渔产品销售海外的同时，大量国外的海产品也逐渐进入浙江海鲜市场。

民国时期浙江海洋渔业的转型

  进入 20 世纪，浙江海洋渔业在沿海工业现代化与商品经济发展的压力下，开始逐渐产生了一些变化。而管理者们已经认识到渔业发展对于维护国家海洋权益，稳定沿海农村社会的重要性。与明清时期浙江海洋渔业发展相比，民国时期浙江海洋渔业经历了晚清社会变革后呈现出两条不同的发展路径：一方面，由于传统渔民数量的众多，以及捕捞工具革新的缓慢，按照旧有作业方式的海洋渔业生产、养殖与捕捞活动仍在继续，但是这些活动已经受到现代商品经济发展的影响，捕捞、养殖、加工，以及运销领域的近代化变革已经逐步扩散，这种微观经济领域的变革尽管缓慢，但变革路径是非常明显的；另一方面，在有识之士的倡导下，现代化的机轮捕鱼方式，以及新式渔业公司的企业模式都开始冲击浙江传统海洋渔业的生产方式，而国家对海洋渔业发展的重视在南京国民政府时期达到了顶峰，中央与地方渔业管理机构的完善使得政府干预浙江海洋渔业发展的能力大大增强。在政府强势介入下，在浙江海洋渔业流通与运销领域都能看到政府行政管理的痕迹，这一模式大大加快了浙江海洋渔业的现代化变革。

一、民国时期浙江海洋渔业的生产与加工

浙江海洋渔业经济包含了海洋水产品的捕捞、养殖、加工等诸多方面的内容。就捕捞方式而言，以传统血缘、地缘为纽带的组织形式，以及单个生产单位内部分工都继承了传统浙江海洋渔业生产模式。这些海洋捕捞方式根据生产作业工具的不同而有所区分，而这些捕捞工具又根据所捕捞水产品的不同而形色各异。与之相类似，浙江海洋水产品养殖的规模相较以前扩大了很多，但是其养殖方式仍未摆脱传统靠天吃饭的状态，现代渔业养殖技术的推广成效甚微。与养殖领域不同的是，海洋水产品的加工逐渐规模化，以岱山为中心的舟山群岛出现了各种以水产品加工为主营业务的工厂。这种加工领域的产业化不仅有利于提高水产品的附加值，更重要的是这种加工过的水产品可以经由长距离的运输进入中国其他沿海城市及沿长江水产品市场。

（一）传统帆船渔业捕捞

民国时期浙江沿海的水产品捕捞既有传统的小帆船捕捞，也有现代化的渔轮捕捞。以传统帆船捕捞而言，民国时期浙江沿海渔场规模已经非常成熟，主要的鱼汛及海产品有大黄鱼、小黄鱼、乌贼、带鱼和鳓鱼等。而渔船的数量和种类也和所捕捞的水产品规模相挂钩，民国时期浙江海洋捕捞帆船的规模已经有上万艘，按照其驾驶形式和渔具种类可分为大对船、小对船、大钓船、小钓船、流网船、大捕船、张网船、舢板和冰鲜船。浙江渔船的差异主要体现在船只所载网具的不同，不同渔船本身的形制差别不大，海洋渔船搭载的渔具主要包括四种：定置张网、对船围网、刺网和

延绳钓。民国时期浙江沿海渔民根本无力置备机动船，只有行会把头的渔业团体或研究水产的机关才有能力来试用。根据使用渔业生产工具的不同，浙江海洋渔业捕捞组织及作业方式也有所差别，具体而言，可分为定置张网捕捞、围网捕捞、刺网捕捞、延绳钓捕捞四种主要方式。不同捕捞方式根据渔网的不同又有所差异。浙江沿海船东与渔民大多以合股经营的形式展开，组织上已经进步很多。这种合股经营方式主要在大小对渔业捕捞中流行，其股份按渔获物价值进行划分，大小对船属于木制帆船，两艘为一对，共同出海捕鱼。一艘船专门负责载运粮食、饮水等物，称煨船，另一艘则专门从事下网捕鱼等事宜，称网船。

民国时期，浙江沿海渔民对鱼汛已经有非常成熟的认定，全年四汛：第一汛一月至四月，为将旺未旺时期；第二汛五至六月，为最旺时期；第三汛七至八月，为最衰时期；第四汛九月至十二月，为次旺时期。具体到不同渔船，其捕捞时间和区域都是不一样的。在整个海洋渔业捕捞过程中，渔民的生产成本除了负担船只自身的运营费用外，还包括在整个生产过程中向鱼行、公所、政府，甚至海盗缴纳的各种税费与保护费。在这些支出中，除了杂费以外，其余的支出可以分为两类：用于渔业生产本身的支出，用于渔民日常生活的支出。前者包括：渔伙工资、船钞、网具费、修船费、公所会费、船伙食费、借款利息。后者包括：饭食费、衣服费、交际费、婚丧费、住房修理费。民国时期，浙江沿海渔民所要缴纳的税费种类非常繁杂，但从总体而言，海洋渔业捕捞的收益是大于成本支出的。

（二）浙江近海养殖与海产品加工

民国时期浙江海洋渔业除了传统的近海与远洋捕捞之外，还在政府倡导下大力发展近海养殖业。民国时期浙江近海养殖产品包括蛏子、蚶、牡蛎、蛤等。蛏子和蚶养殖地集中在宁波和温州。牡蛎养殖原本仅限于象山港璜溪口村一带，1934年起，薛岙一带开始仿照试养。

宁波地区的近海养殖业早在明清时期就已经出现，但上规模的水产养殖则是在晚清民国时期才有，尤其是西方海洋养殖技术传入中国之后，相当一部分渔民由远洋捕捞行业转入风险相对较低的近海养殖业。宁波的海水养殖业集中在镇海、宁海、奉化、舟山等地，主要利用涂地养殖蛏子和毛蚶。温州近海养殖主要为分布在玉环、乐清的蛏与蚶的人工养殖，不过仅为当地农民的副业，并没有类似镇海那样的大规模组织和专门的经营者。因此，从规模上来比较，温州的近海养殖远远小于宁波。

民国时期，大量水产品加工工厂由传统的海上及远洋小岛转移到舟山本岛和近海陆地区域。1917年2月，浙江省政府在定海建立起一个"浙江省立水产品制造模范工厂"用来加工大黄鱼鲞（剖开晒干的鱼）。截至1937年，浙江舟山有水产品加工工厂300家，其中东沙角鱼鲞制造厂就有100余家之多，有土帮、客帮之分。不过值得注意的是，这一时期，浙江舟山水产品加工厂的资本大者极少，而且连年亏本，停业颇多。鱼鲞制品以大黄鱼鲞最为大宗，其他如小黄鱼、鳓鱼、乌贼、鳗鱼、海蜇、鲚鱼等亦不少。制时普通每百斤用盐三十斤，每百斤鲜鱼晒干后，可得鲞七十斤，然皆不尽干燥。浙江传统鱼鲞的种类有大黄鱼鲞、小黄鱼鲞、海蜇、鱼烤、鲳鱼鲞、咸鳓鱼、虎鱼干、盐蟹、黄鱼胶、黄鱼子等。其中大黄鱼鲞因品质和制作工艺的不同可分为瓜鲞、淡圆、老鲞、潮鲞、荷包和燕瓜。

1915年浙江巡按使提交省议会议决成立浙江省水产模范工厂，1916年8月曹又渊被任命为厂长。模范工厂于1917年1月开办，厂址在定海县西门外旧大校场营地，占地五十三亩。另外工厂还有六丈高砖结烟囱一支，二丈高储水塔一座，四面有围墙，外有大晒场一方，照墙一堵。工厂所购买的机械器具等类总计花费银圆二万六千元，由省政府以临时费的形式划拨。除此之外，按照计划，省政府给工厂提供临时资本金每年三万元，常年办事经费每月一千元，但实际数额每年多寡不一。工厂分为六个部门，分别是事务部、罐储部、原动力部、盐干醃藏部、骨壳部、化制部。初期工厂产品以食用和工业用产品为主，产品分盐干品、醃藏品、干制品、罐储品、介壳品、化制品六种。从营业量来看，盐干鱼鲞的销量最高，其次是罐头食物和螺扣，化制产品未定。另外，工厂在岱山东沙角设立分厂，制造盐干鱼鲞等类。总厂除春季生产鱼鲞外，常年以做螺扣及罐头食物为主。此外，在沈家门和石浦等处还根据鱼汛盛旺情形，临时设立鲜干鱼鲞制造派出所各一所。冬季，工厂租一二艘海船往来于江浙洋面收买鱼鲜。每年雇佣工人春季最多，约百人，冬季次之，夏秋仅长工四五十人。产品销售方面，罐头食物与螺扣等以沪杭甬为主，盐干鱼鲞以沪杭宁绍温为多，蟹蛹则以本地销售为主，部分销往中国香港等处。

二、民国时期浙江海洋水产品的流通

民国时期，鱼行和鱼栈已成为浙江海产品流通及生产融资的重要环节。鱼行（栈）以资本入股的形式控制海产品的流通方式。在生产成本与捕捞风险日益提高的时候，大部分渔船都会通过从鱼行贷款以购买渔业捕捞所需要的生产资料。就鱼行本身而言，随着资本的扩张，宁波江厦街的八大鱼行基本控制了整个浙江海产品市场的收购和流通。浙江的海产品除了在本地销售外，大部分通过冰鲜船销往上海。民国时期，浙江冰鲜船及冰鲜渔产品的规模非常庞大，形成了从天然冰场、冰鲜船收购与运输到冰鲜鱼行销售的完整产业链。在流通领域中，民国政府借助渔业危机成立鱼市场并从事渔业放贷，以推动传统渔业金融与流通领域的变革。在销售领域，宁波本地海产品价格与肉蛋禽价格相差无几，而上海海产品销售价格则远远超过宁波，这是宁波海鲜品主要流入上海的重要因素。

（一）渔行与海产品流通

在流通领域，鱼行和鱼栈承担了非常重要的角色。鱼行主要是在本地销售，鱼栈主要是收购再转运到其他市场销售，可以说鱼行是渔船与鱼栈交易的中间商。鱼行和鱼栈在每年鱼汛期前都对渔船及冰鲜船放款，称"放山本"，以取得渔获物的优先购买权。渔船放贷方面，利息为每汛15%，本息一般须在第一次渔获物销售中扣除。如果鱼汛不好，则可以酌量抽取若干，另外开借票在下次渔获物销售时扣除。冰鲜船放贷方面，鱼行或鱼栈不收取其利息，只收取5%的佣金。对于本金，即使冰鲜商经营失败，无法偿还，只要其信用良好，仍会继续放款。1936年，定海沈家门鱼行与鱼栈每年放款达到六十余万元，冰鲜船在收购方面与渔船的交易一般不用现金，只出一张票样，票样因酷似鸟形，又称为"鸟头票"。这种交易方式不仅安全，也便于携带。交易后，渔民凭票到相应机构兑换成现金，不过要被收取1%的费用，俗称"九九扣"。

鱼行与鱼栈的资金主要来源于地方钱庄和银行。民国时期，宁波鄞县有中国、交通、中央、四明等10家银行，以及103家地方钱庄从事渔业贷款业务，年收支款项超过1亿元，全省鱼商大多依赖鄞县金融机构放款。1936年冬季，因为鄞县各银行及钱庄银根缩减，放款忽然减少，致使全省渔船几乎无法出海捕鱼，从中可见金融业对宁波渔业发展的影响力。另加定海沈家门有钱庄40余家及中国银行、交通银行、中国实业银行、宁波实业银行从事相关业务，其中仅中国银行的融资额就达到三千万元。这种银行与钱庄提供资本，鱼行与鱼栈出面承担渔船捕捞及冰鲜船收购资金的运行方式，大大降低了渔民及冰鲜商的资金压力和前期投入成本。信用良好的冰鲜商只需要二三千元的资本就可以从事冰鲜收购。

鱼行与鱼栈开出本票给冰鲜商用于海上渔获物的收购，冰鲜商所收购渔获物，鱼行与鱼栈有优先购买权，渔获物抵扣本金。交易中佣金为5%，另外渔民兑换本票须支付1%费用，最终本票流通产生6%的利润。鱼行所收渔获物除转卖给鱼栈外，还有相当一部分转卖给当地鱼厂进行加工，其佣金8%—10%不等，对于已有约定的鱼厂，佣金为5%。不同区域鱼行与鱼栈的佣金数量是不一样的，其中佣金最低5%，最高10%。作为海产品交易中介，鱼行收取卖方佣金，收取的买方佣金的2%则支付给老师傅，作为其搬运及使用相应器具的酬劳。在交易过程中，有贷款的冰鲜船只能将海产品出售给放贷鱼行，无贷款冰鲜船可任意选择鱼行出售，其佣金比有贷款冰鲜船要低一点。另外交易中的海产品重量都按照市斤八折进行折算。交易货款的结算根据信用状况或付现，或记账。所有交易款项最终结算时仍要扣除部分款项，称为"伸水"。

民国时期，宁波的鱼行与鱼栈通过放款的形式基本控制了浙江海产品的定价权，定海鱼行组织同丰公所在每天上午六点及下午一点挂牌公布除大黄鱼以外的海产品收购价格。在交易过程中，鱼行内部有非常复杂的计价方式供双方商谈，这种交易方式可以最大限度地保密交易价格。

按经营种类划分，浙江的鱼行分为咸鱼行和鲜鱼行两种，也有同时经营咸鲜鱼的鱼行。民国时期宁波鱼市场已经有明显的划分，鲜鱼行集中在半边街（即江厦街），咸鱼行主要在双街和后塘街。相比鲜鱼行，咸鱼行无论在资本额还是在对市场的控制力上都差很多。鲜鱼行中有放贷资本给冰鲜商的，也有不经营资本放贷的。以资本放贷的形式，鱼行控制了浙江海产品流通与交易市场，而在宁波江厦街鱼市中资本雄厚的宏源、公茂、正大、慎生、顺康、万成、恒顺、东升、鸿顺9家渔行的资本额超过440万元，控制了整个宁波的渔业销售市场，其中资本额最高的宏源和公茂分别是90万元和80万元。这些渔行年放贷额视冰鲜商的营业大小及信用而定，多者每船放贷3000—4000元，普通2000元。全年放贷额中仅宏源、公茂最高达到70万元，其余几家每年也在30万元左右。另外江厦街不经营放贷的鲜鱼行有福昌、源升、裕泰、大兴、祥源等数家，咸鱼行22家，其地位远不能和经营放贷的鲜鱼行相比。鱼行的规模和人数依照资本的多寡和贸易额数量有所不同。资本额越高，渔行的雇工人数越多。少则五六人，多则二三十人，像宏源这种资本额高的大鱼行，其职工人数超过70人，每年仅鱼行工资开支就超过2万元，不同职务人数不同，工资待遇差别也非常大。如正账房年工资300元，学徒年工资仅35元，相差将近10倍。

（二）冰鲜与海产品流通

随着保藏技术的进步，浙江沿海所捕捞海产品除部分深加工外，大部分海鲜在捕捞上来后就直接由渔场附近的冰鲜船就近收购，通过冰块低温保藏，然后运往其他区域销售。随着公路与铁路运输能力的提高，相当部分海产品通过火车和汽车长途运输，但这些主要适用于已经深加工过的海产品。民国时期通过冰鲜保藏手段运输的海产品数量远远超过深加工后的海产品，冰鲜船收购与运输成为宁波海产品运输体系中最重要的环节。每当鱼汛旺盛的时候，停靠宁波滨江路鱼市场的冰鲜船多达四五十艘。冰鲜船的构造因大小略有不同，普通冰鲜船载重在2.5—3吨，船员13人，除7—9月因渔货较少及停船修理外，其他月份均在渔场收鱼。收鱼区域随鱼汛和渔获物的变动有所不同：11月至次年3月在舟山沈家门或嵊山收带鱼，或往六横收大黄鱼和鳗鱼；3—4月在中街山一带收小黄鱼；5—7月往衢山、岱山收大黄鱼，或往花鸟、嵊山、青浜、庙子湖等处收墨鱼；其后回港修理。冰鲜船既有私人经营，也有合股经营的，其中90%以上与鱼行有债务关系。冰鲜船投入的成本包括船只及工具费用、船员工资与需要交纳的各种费用，每年出海的成本在3000元以上。

冰鲜船出海抵达渔场后，熟悉的渔船便停靠在旁边，由出海（即买手）与各渔船议定价格，大黄鱼和墨鱼按数量计算，其余如小黄鱼、带鱼、鳓鱼等以重量计算。交易完成后，冰鲜船所收鱼类由船上落舱（处理渔获物的工人）用冰保藏。保藏方法是先在船舱底部铺一层水，放上一层鱼后放一层冰，层鱼层冰到船舱顶部后，铺上一层较厚的冰，然后用草垫盖上，防止外热入侵。保藏的用冰量依照当时气温及保存时间长短而定。保藏乌贼的时候，需要在乌贼中央，每隔一段距离插上竹制通风器使得船舱中冷气可以互相流通，同时将冰溶解后流入舱底的水抽出，这样就可以保存四五天时间。

冰鲜船所用冰块都是由天然冰厂提供的，浙江的天然冰厂主要集中在宁波。宁波下白沙对岸的梅墟一带及和丰纱厂东边沿江一带有很多天然冰厂，厂内有无数草棚存放天然冰块。这些冰厂大多为当地农民经营，因无须很多资本，收益也非常可观，因此很多有七八亩水田的农民，均投资七八百元建造一座冰厂以获得收益。冬季水田中所结冰块被挑运贮藏在冰厂中，等结冰期过后取出出售给渔船及冰鲜船使用。除天然冰外，民国时期宁波还有一所冷藏库。该库位于当时的天后宫旁，于1935年10月开始营业。

浙江沿海海产品年总产值超过2400万元，大部分从宁波转运销往温州和台州。宁波每年海产品销售额最高的有400万元，1935年贸易额有320万元。海产品以冰鲜鱼为主，占全部贸易额的80%。冰鲜鱼类中以大黄鱼为主，占冰鲜鱼的30%，贸易额约75万元；小黄鱼占19%，贸易额约47万元；墨鱼占9%，贸易额约22万元；带鱼占8%，贸易额约20万元；其他各种鱼类占33%，贸易额约82万元。仅次于冰鲜鱼的海产品为盐藏及干制品，年贸易额70万元，其中有一半为进口海产品。民国时期宁波的进口海鲜主要来自日本和美国，进口量比较大的有三种：东洋蚶，产自日本神户，清光绪年间输入中国，其蚶大而且腥，每担价格由七角五分逐渐增至一元三角，原在神户交易，民国时期移往上海交易，每担价格约三元，年进口量一万二千担，货值在四万元以上；花旗青鳝，俗称东洋鱼，产自北美，年输入约十万箱，每箱三百斤，每箱十五元，货值一百五十万元；海燕鱼，产自日本，年输入约一千箱，每箱十八元，货值一万八千元。这三种鱼对定海本地海产品市场的冲击非常明显，特别是青鳝产自深海，宁波的传统捕捞法根本无法捕获。

浙江本地出产的海产品除就地销售外，还通过冰鲜船、鱼行和鱼栈或就地销售，或运往周边区域。以宁波定海为例，其墨鱼船所捕墨鱼由中路钓船运往宁波销售，所捕螟蜅大多由闽商运往福建销售，少数运往宁波；张网船与大䑩船所捕新鲜鱼类随时由冰鲜船运往宁波销售，其余在岛上曝鲞后由中路船运往宁波销售；流网船一般自备冰盐运往乍浦或甬江销售；小对船所捕海鲜由冰鲜船运往宁波或上海销售；大对船所捕海鲜由冰鲜船转运宁波或乍浦、杭州、上海及长江等处销售；钓冬船所捕海鲜由咸鲜船转运宁波、上海或杭州、长江等处销售。在周边销售市场中，上海是最主要的出口市场。宁波仅鸿顺号、万成号、宏源、东升及公茂等水产批发商每年对上海输出的交易额高达二三百万元。这些海产品中，约有七成经冰冻保鲜等方法处理，约有两成为咸鱼，其他为干货制品。而在上海的进口海产品中，宁波海产品的比重是非常高的。以1933年为例，上海全年进口冰鲜品134692担，其中来源于宁波和舟山的冰鲜品分别是32490担和33455

担，占上海全年冰鲜品进口量的48.96%。1934年，上海全年进口冰鲜品136186担，其中来源于宁波和舟山（含吴淞口上岸）的冰鲜品总量为74671担，占上海全年冰鲜品进口量的54.83%。相比之下，1934年宁波输往上海的咸鱼数量就非常少了，只有322.55担，仅占上海全年咸鱼进口总量32033.96担的1%。

第 四 章

浙江海洋盐业经济

与渔业经济不同，浙江海洋盐业经济从产业化开始就纳入政府的强力管理之下。作为人们日常生活中必不可少的调味品和添加剂，食盐对封建王朝统治有着不可忽视的价值。盐业生产不仅为政府带来大量的税收，更是政府调节国民经济体系的重要环节。因此，相比海洋渔业而言，浙江的海洋盐业经济由于国家的重视，其产量和产值要远远超过海洋渔业，是古代时期海洋工业的重要组成部分。海洋盐业经济在浙江海洋经济中的地位和作用是非常重要的，大规模廉价海盐的生产使得海产品腌制技术的推广及长期保藏成为可能，而该技术更使得海产品成为长途贸易产品之一。作为海洋工业制成品，海盐本身也属于浙江对外贸易的重要产品。在满足自身需求后，大量海盐在政府盐业流通体系中被长途贩运到周边省份销售，成为海洋贸易的重要组成部分。

| 第
一
节 | 古代浙江海洋盐业的发展与繁荣 |

古代浙江海洋盐业的发展与繁荣

　　浙江对于海盐的利用可以追溯到吴越时期浙江沿海渔民用海盐腌制海产品，不过大规模的海盐生产则要到很久以后。浙江的海盐生产规模化最晚于唐代就已经形成。唐宋时期，浙江的海盐生产区域以浙西为主，并逐渐向浙东区域扩展。元代政府对海洋的开发非常重视，浙江海盐的总产量远超唐宋时期，其产盐量直到明代中后期才被再次超越。明清两朝初期，由于海禁政策的影响，浙江沿海盐场的开发和盐产量都出现大幅度下降。浙江的盐业生产技术也从最初的海水煮盐与刮碱土淋卤逐渐改进为板晒法，后者无论在成本还是成品质量上都有很大优势。

一、宋元时期浙江海洋盐业的发展

　　古代浙江海盐的产区最早集中在钱塘江—杭州湾两岸。浙江海洋盐业生产可以追溯到春秋战国时期，其时杭州湾北岸和南岸已经开始规模化的海盐生产。现在的嘉兴海盐县就因盛产海盐而得名。早在春秋时期，越王勾践就在离都城35里的朱余建立盐场，派盐官监督，进行盐业生产。唐代以降，浙江海盐产区由浙北向浙东沿海的宁波、宁海、黄岩、温州等地扩展。唐宝应年间（762—763），盐铁使刘晏在东南沿海设立十监。浙江产盐地有苏州嘉兴（今嘉兴）、杭州盐官（今海宁）、越州会稽（今绍兴）、余姚（今余姚）、明州鄮县（今鄞州区）、台州黄岩（今黄岩）、宁海（今宁海）、临海（今临海）、温州永嘉（今温州）9处，分布于浙北杭州湾南北岸和浙东宁波、台州和温州沿海。唐代越州有兰亭监管理5个盐场，分别是会稽东场、会稽西场、余姚场、怀远场和地心场，配盐四十万六千七十四石一斗。

北宋时期，浙江沿海盐场仍处在开发状态，沿海各州都有不止一处的盐场。天圣年间（1023—1032），浙江杭州、秀州、温州、台州、明州各监一，温州又领盐场三个。这说明直到天圣中，两浙所拥有的盐场和盐监数不过五监三场。但随着两浙盐业的不断开发，熙宁年间（1068—1077），杭、秀、温、台、明五州共领监六，盐场有十四个。较天圣前，浙江的监、场数目增长迅速。到北宋末期，秀州有青墩、袁部、浦东、青村、青村南、青村北、下砂、南跄、沙腰、芦沥、海盐等盐场；杭州有钱塘县的杨村场、仁和县的汤村场、盐官县的盐官场等；越州有会稽的三江、曹娥、山阴的钱清、余姚的石堰等盐场；台州有于浦、杜渎等盐场；温州有永嘉、双穗、天富等盐场；明州有鄞县大嵩盐场，慈溪鸣鹤盐场，定海清泉、龙头、穿山、长山盐场，昌国县的东江（有子场曰晓峰）、正监（有子场曰甬东）、岱山、高南亭、芦花盐场，象山县的玉泉、玉女盐场等。北宋初期，浙江各盐场的年产量分别是：杭州场7.7万余石，明州昌国东、西两监20.1万余石，秀州场20.8万余石，温州天富南北监，密鹦、永嘉二场7.4万余石，台州黄岩监1.5万余石，总计57.5万。天圣中（1026—1029）曾减至51万石，旋又增为61万石。

南宋时期，由于政权变动和战事需要，浙江沿海盐场由立国之初的区区数个扩展到几十个。宋南渡以后，虽然国土面积缩小近半，但赵宋君臣在经济上实行了许多积极有效的措施，其中两浙西路茶盐公事夏之文对上级的业绩汇报中，写了劝课盐户、就地拘籍、减免税负、开辟新盐场等措施，使得两浙沿海地区的盐业生产得到迅速发展，两浙盐的总产量不但没有减少，反而还有所增加，其中以众多新盐场的开辟最为有效。与此同时，两浙盐区增加到42场，其中浙西24场（包括今属上海市辖区7场），浙东18场，主要产区仍在浙西。绍兴二十九年（1159），两浙出产海盐200.1万石。绍兴三十二年（1163）减为198.5万石。绍兴三十二年（1163），浙西路秀州有盐场十个，平江四个，临安十个；浙东路绍兴府有场四个，明州有场六个，台州三个，温州五个。总计四十二个盐场。年产量浙西路总计一百一十三万七千一百四十五石六斗七升七勺，两浙东路总计八十四万八千二百八十三石九升二勺。乾道末（1171—1173）增至202.15万石，其中浙西114.41万石，分布在杭州府24.58万石、嘉兴府81.87万石、苏州府7.96万石。浙东总产87.74万石，分布在绍兴府14.60万石、明州（宁波）39.27万石、台州14.41万石、温州19.44万石。至淳熙初（1174）产量为189.27万石，其中浙西114.41万石，浙东74.86万石。

两宋时期浙江盐场数量和产量并不是一成不变的，盐场的兴废与盐户、盐商的利益息息相关。一旦不能满足盐户和盐商的利益，一些本来可设置的盐场也会被取消，甚至在生产的也会被合并。与此同时，一些盐场也会因为产盐量的增加而设立出来。以宁波为例，宁波新设六场中只有龙山场是新设立的，其余五场均为子场扩建而来。穿山场原为清泉场子场，开禧二年（1206）改为正场；高南亭场原隶属于岱山场，嘉定元年（1208）改为正场；玉女溪场原为玉泉场子场，嘉定四年（1212）改为正场；长山场原隶属于清泉场，嘉定四年改为正场；芦花场原昌国西监子场，名为东监，额定年产量为二千七百袋，嘉定四年改为正场，年产量定到三千六百袋。以上盐场的设立除了因为盐场量的增加而扩建以外，如高南亭场与长山场则是因为交通阻隔，管理不便而分置设立的。

元代浙江仍旧是中国海盐的主要产地之一，元政府先后在两浙建立盐务管理机构。至元十四年（1277），元政府在杭州设置两浙都转运盐使司，迅速恢复并发展江浙的盐业生产。经过重新调整，到大德三年（1299），两浙各地盐场由原先的44所并为34所，盐场数量仍列各省之前，它们分别是：仁和场、许村场、西路场、下沙场、青村场、表部场、浦东场、横浦场、芦沥场、海沙场、鲍郎场、西兴场、钱清场、三江场、曹娥场、石堰场、鸣鹤场、清泉场、长山场、穿山场、岱山场、玉泉场、芦花场、大嵩场、昌国场、永嘉场、双穗场、天富南监、长林场、黄岩场、杜渎场、天富北监、长亭场、龙头场。就海盐产量而言，尽管没有实际产量的记载，但从岁办额盐可以大致看出浙江海盐产量及变化。根据《元史》及其他相关史料记载，至元十四年岁办额盐92148引（注：每引400斤），至元十五年（1278）为15.9万引，至元十八年（1281）为21.86万引，至元二十三年（1286）增至45万引，至元二十六年（1289）减为35万引，大德五年（1301）为40万引，至大元年（1308）增加到45万引，延祐六年（1319）增加到50万引，至正三年（1343）以额多价重，转运不便，改为岁办35万引。额引有时不能完成，因此实际产量与额引之间是有差异的。如至元二十四年（1287）桑哥担任丞相，任命灭里为两浙运司，灭里虚称两浙额盐为45万引，但实际只完成34.8万引。不过总体上浙江海盐产量呈上升趋势，相比宋朝而言，元朝浙江的海盐产量增加了很多。以鄞县大嵩场为例，其元初额定年产盐五千九百八十八引一百七十四斤一两九钱二分，延祐年间因饥荒降到二千八百九十五引三百七十八斤一两五钱一分，至正年间上升到九千二百九十一引。昌国州正监元初额定年产盐六千三百六十一引三百六十九斤，后因盐户逃亡，延祐年间降到六千二百一十六引三十二斤，至正年间上升到八千五百七十二引。按照每引 400 斤，每石约 100 斤折算，每引为四石，延祐与至正年间宁波盐场年产量分别是 360716 石和 440631 石。元代宁波所有盐场中慈溪鸣鹤场的产量最高，达到两万八千引之多。究其原因，该场是由鸣鹤东、鸣鹤西和石堰三个盐场合并而来的。与宋代宁波盐产量作比较可以发现，整个宋元时期，宁波海盐产量呈波浪式变化，自北宋初期产量持续上升到南宋开国达到顶峰，其后呈下降趋势，一直到元代末期才超过南宋初期的产量。

元代浙江海盐除供食用外，还被大量用于渔业加工领域。为保证海鲜可以长久储存，浙江沿海渔民已经开始大规模使用食盐制造鱼鲞制品。自至元三十年（1293）之后，在沿海捕鱼季节，宁波地方政府开始成立专门的机构要求所有船只按照大小购买相应数量的盐引（盐引是宋代以后历代政府发给盐商的食盐运销许可凭证）。大德元年（1297）渔盐销售有八百余引，即 32 万余斤。

二、明清时期浙江海洋盐业的繁荣

由于朝代更迭的影响，从明代一直到嘉靖年间，无论是盐场数量还是产盐量都没有超过元末至正年间的数据。明洪武元年（1368），两浙岁办盐额 22 万引，每引 400 斤，每办盐一引给工本米一石。洪武二十三年（1390）改行小引，每引 200 斤。丁岁办 16 引，盐工丁 8 引，余工丁 4 引。万历年间（1573—1620），两浙行盐 44.48 万引，每引 300 斤。

明代浙江沿海盐场和产盐量多有变化。以宁波为例，明初宁波盐场有石堰、鸣鹤、昌国正监、清泉、大嵩、穿山、龙头、岱山、长山、玉泉、芦花 11 个盐场及宁海杜渎，原本在元代被合并到鸣鹤场的石堰场，后又单独出来。成化年间（1465—1487），宁波有盐场八个，分别是大嵩场、岱山场、鸣鹤场、清泉场、长山场、穿山场、龙头场和玉泉场，芦花场在此时已经并入岱山场。除大嵩场与岱山场外，其他盐场产量总计超过25306引，按照当时每引400斤计算，总计盐产量达到10122400斤。嘉靖年间（1522—1566），宁波地方直接管理的盐场减少到七个，分别是大嵩场、鸣鹤场、清泉场、长山场、穿山场、龙头场和玉泉场，其产盐量以盐引数量计算远低于元至正年间。以年产盐量最多的鸣鹤场为例，其嘉靖年间计划完成的盐引为七千四百四十三引一百八十七斤十三两，实际完成六千零四十引三百九十五斤三两九钱五分三厘，其计划盐引还不到元至正年间的三分之一，实际完成不到元至正年间的四分之一。明代中期，盐引每引为300斤，按此计算，嘉靖年间鸣鹤场产盐量为2233087斤，仅为元末产量的23%。与此同时，其他盐场的产盐量也同样远低于元末的水平，这就导致这一时期宁波盐引产量仅28658引，仅为元至正年间产量的26%，按斤计算比例约为20%。天启年间，龙头场被并入清泉场，长山场被并入穿山场。

相比元朝末年，明朝中期宁波盐场数量和产量的双重下降是很难想象的，作为浙江沿海海盐产量最高的区域，宁波盐场数量与海盐产量的变化很具有代表性。如果说明朝初期由于朝代更替所引起的政治动乱和军事破坏导致宁波盐产量下降还情有可原的话，经过上百年休养生息的宁波盐业产量还不到元末的四分之一就值得研究了。究其原因，要从当时国家的海洋政策去分析。明朝初期由于沿海倭寇作乱而实行的海禁政策使得隶属于宁波管辖的舟山三大盐场正监、岱山和芦花先后被迫废弃。正统二年（1437），岱山、芦花两盐课司被裁革。正统五年（1440），昌国正监场盐课司被裁革。从元末至正年间的产量可知，舟山三大盐场产量占到宁波盐产总量的20%。另外，盐业销售的高额利润使得相当一部分盐业销售游离在国家管控之外，这就是在明清两朝都令政府颇为头痛的私盐。正因如此，嘉靖年间宁波实际盐产量要远高于史书上的记载。到万历二十六年（1598），宁波管理的石堰、鸣鹤、龙头、清泉、长山、穿山、大嵩、玉泉8个盐场年产量达到47902200斤，超过元末宁波海盐产量，是嘉靖年间宁波年产量的5.6倍，其中仅清泉场年产量就达到19850300斤，是嘉靖年间产量的10倍。

清初，由于海禁政策的实施，沿海居民被迫内迁，盐业生产全部停止。自康熙二十三年（1684）开放海禁后，浙江沿海盐业生产才逐渐得以恢复。不过由于常年荒废，浙江沿海盐场的恢复非常缓慢，如清泉盐场直到雍正三年（1725）才彻底恢复并逐渐增加产量。在盐业生产亟待恢复的同时，盐政衙门和官吏的腐败使得清初浙江的盐业非常混乱。因此，两浙巡盐御史王显奏请官营盐业。经过整顿，两浙盐业生产得到迅速恢复和发展，至乾隆年间达到鼎盛。盐场从顺治时期的23场、雍正时期的25场，增加到乾隆时期的32场，清末为31场。其中，浙东为：钱清、三江、东江、曹娥、金山、石堰、鸣鹤、清泉、穿长、大嵩、玉泉、长亭、黄岩、杜渎、长林、双穗、永嘉、岱山。浙西为：仁和、许村、黄湾、鲍郎、海沙、芦沥、横浦、浦东、袁浦、青村、下砂头场、下砂二三场、崇明。顺治三年（1646）两浙行盐66.72万引，每引200斤。乾隆年间（1736—1795），浙江增加松江等地额引，总引额达80.24万引。宣统二年（1910）产量以担核算，产额138.76万担，宣统三年（1911）产额为186.07万担。总的来说，浙江的盐产量在逐年增加。

明朝时期，在官收盐体系下，浙江盐场食盐全部由官府收购，然后再以发放盐引的形式由盐商承买流通。同时，在官府允许的情况下，盐商可以在官府的监督下按照固定的价格到盐场盐仓购买食盐。盐商本身是被严格禁止和盐民直接交易的。按照明律规定，无论灶户还是盐商，均不许夹带余盐出盐场，否则以私盐法论罪，处以杖一百、徒三年的惩罚。官府发行的盐引由南京户部印刷，北京户部确定数量，以便相互监督。商人拿到盐引后，其引额和行销地区均有制度上的严格规定和限制。两浙食盐的行销区域除本省外，其余销往江苏苏州府、松江府、常州府、镇江府和江西的徽州府、广信府和广德州。明代的盐引除了向盐商出售外，也是军用物资支付的一种方式。明代施行开中法，鼓励商人向北部边关运输朝廷所需要的物资，而运费和物资成本相当一部分是使用盐引抵扣的。如洪武二十二年（1389）十二月，朝廷就下令以浙东盐引给大宁军储。洪武元年（1368），一引为400斤。正德九年（1514），浙盐每引200斤，许带余盐50斤，连包索50斤，共300斤为一引。正统五年（1440），宁波采用常股、存积二法，将每年额办盐课以十分为率，八分给守支客商，二分收积在官。成化年间（1465—1487），御史李珞奏请改为常股六分，存积四分。不过存积法的实行使得相当多的食盐在储藏过程中损耗掉，而这是需要盐民补赔的。弘治年间（1488—1505），侍郎彭韶督理盐政期间，"奏征折色，本场解纳，转盐运使司，商人支银到场，与灶自相贸易"，这样"商无支出之难，盐无亏损之害，灶困始获少甦"。万历四十五年（1617），盐引改征折价盐，不入仓，听商自行买补。在终端销售领域，地方政府也有所涉及。奉化向来没有盐场，食盐都是从周边区域肩贩销售。崇祯初年，奉化出现了官营的沈家庄盐埠，其后官府又陆续开办了万家河、公塘、康岭、上元等盐埠。

除了盐引，嘉靖十六年（1537）两浙盐运司还发行票盐，持票盐的商人被称为"票商"，又被称为"山商"，意为要翻越高山运销食盐。票商与引商分立，主要是为了鼓励商人去交通不便的盐场运销食盐。盐票的种类和税银在此之后多有变化，嘉靖二十年（1541），改为一票为一引，每票盐三百斤，每百斤纳银一钱。隆庆六年（1572），宁波票引每张盐三百斤，纳银一钱五分。在宁波当时还有鱼税票盐，其纳银依照船只大小，票盐的数量和盐额也有所不同。这种鱼税票盐有6000张，每张税银0.4两，共税银2400两。

官督商销是清代食盐运销的主要形式，所谓官督商销是指政府控制食盐专卖权，招商认引，按引领盐，划界行销，承包税课；并设立相应的盐政衙门，对商人的纳课、领引、配盐、运销进行管理稽查，同时借助相应的商人组织进行管理。清代的官督商销体系建立在政府对盐业生产与盐民有效控制的基础上。另外，这一时期的盐商组织也在盐务管理当中起着重要的作用。两浙盐商称"甲商"，"甲商"之下，又设有"副甲""商经""公商"等，共同组成"盐商公所"。可见，甲商、副甲、商经、公商等事实上已脱离流通领域，成为专职管理者。

第
二
节

民国时期浙江海洋盐业的转型

民国时期,浙江海洋盐业经济无论在生产工艺还是在运销体系上都有一定的革新。废煎改晒技术的推广及精盐生产工艺的引进,都降低了浙江海洋盐业的生产成本,提高了食盐品质。而随着浙江沿海交通条件的改善,特别是铁路的修建,使得浙江沿海食盐运输有了更多的选择。相比水运而言,铁路运输的覆盖范围更加广泛。民国初期,浙江仍保留了传统的专商引岸制度,依靠固定的盐商来完成浙江沿海食盐的运销。1931年后,浙江开始逐渐实行食盐的自由买卖,以减少垄断盐商对盐民的剥削,同时提高盐业税收。不过这一尝试在抗日战争全面爆发后被打破。随着抗战时期军事与财政的需要,浙江食盐运销采用政府控制的专卖政策。在专卖政策下,政府直接管理和调控浙江沿海食盐的收购和销售事宜,并与其他部门协调,保证食盐的运输及浙江与周边省份的食盐供应。

一、民国时期浙江海洋盐业生产

相比晚清,民国时期浙江沿海盐场开始逐渐由分散趋于集中,大量生产能力低下的盐场被关闭和合并，食盐的产量由浙西向浙东转移。余姚、岱山盐场的食盐年产量接近全省的近2/3。而在废煎改晒政策推动下，浙江的盐业生产工艺也得到改善，食盐生产成本得以继续下降。与其相对的是，浙江的食盐产量则保持持续上升的态势。战时，随着浙西盐场的沦陷，浙江的食盐产量一度下滑，直到抗战后期才有所改善。值得注意的是，这一时期浙江的食盐生产还引进了西方先进生产工艺，定海精盐公司的创建就是一个很好的尝试。

（一）民国时期浙江海洋盐业产区及产量

民国初年，由于盐区散漫，且产量过剩，政府对盐场进行多次裁并。1919年，浙江盐场有25所，分别是：仁和、许村、黄湾、鲍郎、海沙、芦沥、钱清、三江、东江、金山、余姚、清泉、长穿、大嵩、岱山、定海、玉泉、长亭、杜渎、黄岩、长林、北监、南监、双穗、上望。南京民国政府时期，浙江的盐场分布也发生了变化。据1928年出版的《盐法通志》统计，当时两浙盐场共有32所。其中属于宁绍公司管辖的浙东盐场有20个，涵盖杭州湾南岸至宁、台、温沿海；属于嘉松公司管辖的浙西盐场有5个，涵盖杭州湾北岸浙江盐场；另外还有7个盐场分布在现在的上海。民国时期浙江沿海盐场主要分布在嘉兴（5所）、杭州（2所）、绍兴（5所）、宁波（8所）、台州（2所）和温州（3所），其中宁绍区域就有12所，占浙江盐场总数的一半。其后，浙江省又将产量少成本高的盐场裁撤，最终剩下15场3区，分别是：属于浙西的芦沥、鲍郎、黄湾3场；属于浙东的钱清、余姚、清泉、岱山、定海、玉泉、长亭、黄岩、长林、双穗、南监、北监12场及金山、东江、沿浦3区。民国时期，由于钱塘江水流的北移导致浙西盐场海盐产量的萎缩，浙江海盐主产区逐渐转移到宁绍沿海区域的余姚场和岱山场。盐场下面还分为盐区。以余姚盐场为例，其下分为7个盐区，包括：中区、东一、东二、东三、西一、西二、西三。

民国初年，由于战争的影响，浙江余姚场产盐数据丢失。根据浙江其他盐场统计数据，可以看出浙江海盐产量在1912—1919年期间处于缓慢增长态势，其产量在5.3万吨—6.2万吨之间徘徊。1920年以后，因为盐场管理不完善，几个场的数据要么不完整，要么是按照销量来计算产数，各场数据总和与浙江省海盐产量有较大出入。这一状况直到1929年南京国民政府推行盐政改革后才有所改善。1920—1929年这10年间，浙江省海盐总产量相比民国初期呈现稳定增长态势，产量从1920年的13.74万吨增加到1929年的19.81万吨。这不仅归功于相对完善的统计方式，更重要的是浙江沿海各大盐场产量的增加。对比1929年与1920年各分场的产盐量，黄湾、许村、仁和、三江、东江、清泉、上望7处盐场产量有不同程度下降，这些盐场，除黄湾和东江盐场外，其余都被裁撤或归并到其他盐场。而余姚和岱山两处盐场的产盐量就接近全省产量的2/3。1929年后，浙江海盐产量保持着上升趋势，尽管在这期间仍有波动，但仍维持在年产20万吨以上的水平。抗日战争全面爆发后，浙西和宁绍盐场先后沦陷，浙江海盐产量出现大幅下滑的态势，这一状态直到1945年抗日战争胜利后才有所改观。随着战后经济的恢复，浙江的海盐产量在1947年达到历史最高水平，为29.51万吨。根据国民政府的分区域统计，1930年后的盐场按照所属县市划分统计，其中属于浙西的盐场在战前就已经出现产盐量下滑的情形，如海盐的黄湾盐场产盐量由1920年的0.97万吨下降到1936年的0.23万吨。相比之下，浙东绍兴、宁波、舟山、台州和温州下属盐场产盐量都有不同程度的增加，余姚和岱山仍旧是这一时期产盐量最高的盐场，1932年海盐产量达到14.93万吨，超过当年总产量26.93万吨的一半。抗日战争全面爆发后，战事对浙江盐产量的影响是非常明显的，除浙西因为战事的直接波及导致产量下滑外，浙东各盐场产量都在1937年出现不同程度的下滑。不过，值得注意的是，浙东有不少盐场在战时反而出现产量激增的状况，如舟山定海盐产量在1938年为1.18万吨，达到历史最高水平。而台州黄岩、北监盐场，温州长林、双穗盐场的产盐量都达到各自盐场的历史最高水平，分别为1.08万吨、1.36万吨、1.31万吨和1.10万吨。由于1937年浙西沿海的沦陷，其盐产量在1938年后就没有数据，而宁波、绍兴及舟山自1940年后也由于战事导致盐场停产。不过在实际当中，整个抗战期间的盐产量应高于官方的统计数据，因为两地的数据只是国民党盐务机关官方统计数据，沦陷区的产盐量及走私盐都未纳入统计。

（二）浙江沿海盐场生产成本与新式盐业公司

1929年，在浙江25个盐场中，除岱山、定海等7个盐场采用晒盐法外，其他18个盐场主要采用的是煎盐法。不过值得注意的是，很多大的盐场基本都是煎晒并举，并不仅仅只采用一种制盐方法。而且，相比煎盐，晒盐的成本更低。1929年浙江沿海同一盐场生产每担食盐的成本，煎盐普遍高于晒盐。以大嵩盐场为例，其煎盐的最低成本为1.429元，高于晒盐的最高成本1.286元，折算下来，其煎盐和晒盐成本相差0.671元。其他煎晒并举的盐场尽管两种制法成本相差不大，但煎盐成本高于晒盐成本是毋庸置疑的事实。因此，浙江沿海盐场大都普遍使用晒盐法。也正因如此，民国时期，北京政府和南京国民政府在1916年和1929年先后发布"改煎为晒"的方案。在政府推动下，截至1929年底，浙江共有煎灶1384座，晒板92万余块，晒坦1.47万格。同年，浙江省海盐产量为21.16万吨，其中晒盐为16.7万吨，煎盐为4.46万吨，分别占总产量的78.91%和21.09%。其后，南京国民政府曾多次清查盐板，意在控制盐板数量，禁止私增。据国民政府统计，1931年浙江盐板总数为938356块，其中余姚和岱山盐板数量分别达537600块和248464块，分别占浙江盐板总数的57.29%和26.48%。到1949年4月，浙江沿海盐场的盐板总数达到1098156块。而晒坦数量也从1931年的17674格增加到1949年的76494格。

民国时期，在国民政府推动盐业技术革新的同时，工商界与盐商基于外盐倾销所带来的危机，纷纷投资建立新式的精盐制造公司，引进西方生产工艺。1914年，久大精盐公司首先在天津塘沽成立。其后，中国又先后成立了通益、通达、福海等8家精盐公司。1928年5月，慈溪盐商胡岳青自筹资金5万元，利用定海、岱山、余姚等地的粗盐为原料，在定海南门外的东港浦成立了年产3万担的定海民生精盐股份有限公司。公司采用股份制形式，胡岳青担任公司总经理，镇海人方耕砚担任董事长，并成立了由7个人组成的董事会。公司有职工14人、工人35人，所用设备都是从国外进口的。一开始，公司采用美国的间接制盐技术及设备。随后因设备过于笨重，公司改用德国的直接制盐技术及设备。其具体生产方法为：以粗盐为原料，经溶化池滤净杂质后，将卤水倾入煎盘煎成盐，然后用粉碎机粉碎，再用烘干器烘干，精盐便制成。制成的精盐氯化钠含量可达93%以上，比当时舟山晒制成的粗盐高20%。公司月生产能力超过600担。不过，民生精盐公司的精盐只能运销各省通商口岸，且税率不低。公司除了盐业销售的基本税率超过每担2.5元外（按照销售地税额计算，不足按每担2.5元征收），还要在起运时缴纳1.67元的行销税。除此之外，公司还需缴纳地方各种其他税收。因此，到1929年初，公司为减轻负担，维持生计，不得不将职员减为11人、工人18名。同年11月，公司被勒令停产。1930年，公司改选庄崧甫为董事长，吸纳社会资本10万元，总资本额达到15万元，这样才勉强维持下去。1933年6月，胡岳清再次向社会招股，股金增至25万元。另外，他对公司经营管理和生产技艺进行改革，成本有所降低，年销量增至10万担。自1936年3月1日起，公司又采用麻袋包装，以降低成本和运输损失，并保证了产品质量。同年5月20日，公司成功试制出大粒精盐，氯化钠含量达93%以上，在产量提高的同时降低了成本。正当公司生产情况逐年好转之际，抗日战争全面爆发，公司产销发生困难。1941年，浙东沦陷后，定海民生精盐股份有限公司无疾而终。

二、民国时期浙江海洋盐业运销

浙江食盐的销售在初期主要依靠盐商来完成。盐商按照政府制定的价格从浙江沿海各盐场的盐民手中收购食盐，然后依托浙江便利的水运与海运条件将食盐通过船只运往其他区域。在船只不能到达的区域则主要依靠汽车和人力进行中转。浙赣铁路和萧甬铁路完工后，部分食盐依托铁路向浙江内陆区域转运。抗日战争全面爆发后，依托浙赣铁路，浙江盐务部门组织大量人力将浙江沿海食盐向内地抢运。在战争影响下，浙江沿海多数盐场沦陷，食盐产量一度跌入低谷。在各方努力下，浙江食盐产量在中后期得以改善。浙江盐务部门也克服种种困难，将浙江沿海盐场生产的食盐向内地输送，以保证浙江及周边省份的食盐需求。

（一）民国前期浙江海洋盐业运销

盐的运销体制在历史时期随盐法的变革多有变化。民国初年沿用清制，采用专商引岸制，"引""票"兼行，招商认运。所谓专商引岸制度，即是由政府特许专利的固定商人，按核定的数字向指定的产地购盐，运达划定的销地行销。简言之，就是产盐有定场，销盐有定地，运盐有定商。

南京国民政府成立后，各界强烈要求废除专商引岸制。1928年，温、处两属的永嘉等17县及萧山县试办招商认包制度。1931年，南京国民政府颁布的《新盐法》规定废除引岸，食盐在场地征收税款，让人民可以自由买卖，禁止垄断。1932年，浙江省又取消招商认包制度，改为自由贸易，其余均由专商认办。两浙行盐，除台、温、处三处外，其余各地均沿用引岸制度。1936年，浙江境内盐场因历年来风潮迭起，纠纷不断，盐民吃大户及反对盐商之事滋生，故而政府采取措施进行整理，饬令廒商高价收盐。盐场整理由总工程师格光出发调查并制定了一系列整理办法，即将每一盐区划为若干盐坨，置秤放于盐坨附近，并以盐警包围盐坨，每天出盐，就地审查纳税。最后开放盐禁，各地原有纲引一概予以淘汰，任何人在浙江境内均可以贩售食盐。民国前期，由于专商引岸制度，浙盐行销仍有"纲、引、肩、住、厘地之别"：纲地为嘉兴、长兴、临安、金华、衢县等34县；引地为鄞县、慈溪、奉化、镇海和定海5县及宁海北半县；肩地为杭县、余杭、绍兴、萧山等6县；住地为余姚、嵊县、上虞、新昌4县及百官1镇；厘地为永嘉、玉环、临海、象山、黄岩、天台、仙居、温岭、南田等23县及宁海南半县。

　　民国前期，浙江盐业的运销都需要政府开出凭证后进行秤放运销。秤放管理除严格查验各种凭证外，还有严密的秤放手续和计量标准，以防止私漏。而海盐的运输方式和路线也随着交通条件的改善日渐快捷、合理。这些技术性的改进都有利于扩大浙江海盐的销售区域和销量。另外，浙江海盐的收购根据场地不同，储运情况大致分为4种：一是煎盐由灶商直接出售给运商，以浙西一带为主；二是在盐场设立商廒收购，再由商廒转运各地，如余姚、岱山、钱清等地；三是归堆后放运各地，如温属各场；四是产盐不多，零星放运肩销，如大嵩等场。以余姚盐场为例，其机构除余姚场公署外，还有与其平行的余姚秤放总局，下设7个秤放分局，稽核盐税，秤放盐斤。余姚盐场推行晒盐技术后，来余姚盐场设廒的还有杭余廒、海崇廒、嘉湖廒3家。另外，1928年在西三区有定海民生精盐公司专收余盐，每年约15万担。

民国初期，浙江省海盐储存非常紧张，一直没有大规模的官坨或官仓，仅钱清、余姚、北监、双穗等少数盐场设有商廒或民仓，但是都简陋狭小，不便管理。其他像定海、长亭、清泉、芦沥各场，每个月所生产的海盐，都存放在盐民家中自己保管，期间也有堆存于自建草屋内的，称为"民仓"，随时制作随时贩卖，从而导致难以管理，自产自销的弊端还有很多。为此，1932年秋，定海场举办归堆，就产地建筑堆屋，盐民每日将所生产海盐运输到仓库中储存起来，有专员称量收取。另外余姚场也在1936年计划建坨。1935年，两浙盐务稽核分所对浙江沿海各盐场仓堆进行全面调查，全省20个场及镇塘殿、濠河头两个转运点，仓堆总数达到1125座，另1044间，总容量423.4万担（合21.17万吨），绝大部分是民仓，总容量相当于全浙江一年的海盐产量数。浙江沿海各盐场放盐都需要商人持两浙盐务稽核分所或下属机构发放的准单，依照准单上的具体数量逐担秤放。食盐发放后，由盐场收回准单，并在运照上加盖戳印，注明发放日期，以便沿路核查。自1914年起，盐场一律以100斤为1担、300斤为1引。浙盐包装，分草包、蒲包、麻袋、竹篓、篾篓（亦称竹篰）数种，每包净重为50斤、75斤、150斤、300斤不等，外加皮重3—12斤，视包装种类及包皮本身重量而定。浙江沿海各盐场情况不同，其运盐包装方式也各不相同。余姚场先后用蒲包、麻袋、竹篓，而玉泉场、黄岩场皆散装不用包装。

便利的海运和内河运输使得浙江的海盐销售主要依靠近海帆船及内河木船、竹筏进行长途贩运，而短途则主要依靠牛车和人工肩挑背负。岱山场的海盐出运，大多先肩挑至小驳船，经大浦转运至外海船。杜渎场食盐则从临海白带门（在桃渚港口）循海岸线南下，入海门港至临海城。民国时期，产量占浙盐近半的余姚场盐，大都由外海帆船运出。温、台两处水运，在东海、椒江、瓯江、飞云江各中流，大多因为河水较浅难以畅通行驶。绍属由海运过三塘九坝，杭属销岸之运浙东各场盐斤者，则溯钱塘江而上，经富春江、兰江、衢港、徽港、信阳江，以达金、衢、岩及徽、广等处。1924年浙赣铁路通车及各县公路相继建成以后，浙东沿铁路如金、衢府属及绍属之诸暨、萧山，暨江西广信府属一带，以前使用船运输的，人多已经改用火车，只有一些偏僻的地方依然采用船米运输到销售地。同时因为用汽车运盐的运费比较高，所以用汽车的人很少。

民国初期，浙江海盐运销仍旧实行专商引岸制，盐商为维护共同利益与官府及社会各方势力周旋，先后成立联合组织。1921年，浙江盐商在杭州成立两浙盐业协会（会址在柴垛桥安徽会馆），会长为周湘舲，副会长为俞襄周、鲍清如等。1928年，浙东盐商分别成立四个组织：行销浙盐的安徽黟县、歙县、休宁3县盐商自称的徽属办事处；行销金华、新登、分水、淳安、遂安、寿昌、东阳、衢州、於潜9县盐商组成的九地经商驻省办事处；行销江西广信、玉山、广丰、铅山、河口、弋阳、贵溪及浙江常山、开化等地盐商组成的常广开纲商执行委员会；行销诸暨、义乌、浦江、建德、桐庐、富阳、昌化、龙游、兰溪、汤溪等地盐商组成的浙东十一地纲商联合委员会。在专商引岸时期，盐商基本把持着浙盐的运销。浙盐的运销线路基本都是从盐场经陆路运抵邻近的外海或内河港口，经船运往内地或沿海其他城市，再经内河或外海口岸从陆路转运，其运销区域包括浙江、江苏、安徽和江西等省份。

民国时期的浙江海盐运输是有期限的，这个期限一般都在海盐运销凭证上标注出来。对于没有按期到达运输地的盐商，则需要按照相应规定进行处理。如没有充分的理由，轻者没收食盐，重则按走私论处。一般而言，浙江沿海盐场的食盐运输都有一个标准的运输时间表。以浙江余姚盐场为例，其所出海盐运往伙县、广信、开化、义乌的时间为 54 日；休宁、常山、江山的时间为 47 日；翕县、西安（衢县）、龙游、东阳的时间为 40 日；金华、兰溪、汤溪、遂安的时间为 32 日；淳安、浦江、程广的时间为 28 日；建德、寿昌、桐庐、分水、於潜、昌化的时间为 24 日；上虞、百官、绍萧、象山、南田、余姚的时间为 7 日。

（二）抗战及战后浙江海洋盐业运销

抗日战争全面爆发后，浙西嘉兴、杭州所属盐场沦陷，而浙盐销往苏南、上海的线路也被迫中断。在抗战的紧张局面下，为防止日军在浙东沿海登陆，浙江盐业部门组织人力物力，加紧将沿海盐场所存食盐通过铁路和水运向内陆省份转运。由于大量盐场的沦陷，为提高宁、台、温等国民政府仍掌控盐场的产盐量，除了允许盐民增加生产设施外，还对于从事盐业生产的盐民免除军役。在各项措施的推动下，浙东沿海盐场食盐产量有较大提高。就盐业运输而言，在繁重的军事运输下，食盐的运输不仅缺乏足够的交通工具，更重要的是对于道路的使用要服从军事需要，这就使得浙江沿海盐场生产出来的大量食盐在向内地转运的时候出现积压。就战时的运销而言，浙东沿海盐场的食盐除了供应本省内地需要外，还需要向邻近江西、湖南甚至广东部分省区供应食盐，其运输压力相当之大。抗日战争胜利后，尽管浙江所属沿海盐场的食盐生产得以恢复，但是由于通货膨胀引发的物价上涨推高了食盐生产与运输成本，这就使得战后食盐的价格远高于战时及战前。

战时浙江沿海食盐供需的变化对沿海盐场的食盐生产产生了极大压力。1941 年 4 月，日军先后占领宁波和绍兴，余姚、清泉、钱清、玉泉四场及东江、金山两区盐场沦陷。其后，仍在国民政府控制中的温台沿海盐场的日常生产也经常受到日军的侵扰，不能安心生产。因此，1941年度，浙江沿海盐场产盐量仅为151万余担。1941年后，随着国统区财政经济逐渐恶化导致的通货膨胀，浙江沿海盐场的制盐成本节节上升。浙江双穗等7个盐场，制盐成本亏损的就有5个，占56%，盈余的多为晒盐。制盐成本上升的同时，盐价大幅上扬。1942年，浙江沿海盐场食盐官方收购价格为每担23.29元，1943年为89.45元，1944年为174.00元，1945年为399.00元。伴随食盐收购价格上扬的是浙江食盐零售价格的上涨。以浙江龙泉为例，1937年起零售价格为每担6.82元，1940年上涨到19.45元，1943年上涨到662.15元，其零售价格相比战争初期上涨了100多倍。制盐成本的上升源于浙江整体物价指数的上涨，尤其是盐民日常柴米等价格的上扬。1943年，浙江沿海盐场煎盐成本由每担60元增加到100元，晒盐成本由40元增加到60元。抗日战争胜利后，浙江沿海物价水平不仅没有降低，还在继续上涨。受此影响，1946年浙江舟山定海、衢山盐场的制盐成本分别为每担900.40元和887.57元，比1933年的0.80元高出1000多倍。

抗战初期，浙江沿海盐业运销由于战事而受到极大的影响。日军对沿海港口的封锁使得浙东沿海食盐运输只能以内河及陆路运输为主，而浙江境内的铁路也因为战争的影响多次停运。战时浙江沿海食盐的运输主要依靠的是内河船运以及公路运输，整个运输过程则由政府全权调配。如，1938年2月，两浙盐务管理局和浙江省政府合作，组织战时食盐运销处，办理余姚、钱清等沿海盐场食盐的收购与转运工作。食盐运销处一方面接运镇塘殿、南沙厫存盐斤，转运临浦，车运浙东纲地济销，并赶运济赣盐斤；另一方面组织交通运力，抢运沿海库存食盐至内地。当年，浙东沿海食盐多通过公路与内河船运到江西与湖南，共转运各种存盐280万担。1939年10月，桂林行营在衡阳召开江南六省盐粮会议，讨论制定盐粮供应方针，并决定在桂林设立江南六省盐务特派员办事处，统一管理江南六省食盐的产、运、销、囤。1941年4月，日军侵占余姚、钱清等盐场后，收运处在上虞老通明，富阳场口，及上浦、汤浦、临浦等处，先后设站收购流散盐斤。另外又在安吉梅溪、长兴泗安、余杭冷水桥、溧阳殷家桥，遍设机构，尽量收购淮浙流散盐，分济皖南、浙西食销，收购总数为2.12万吨。其后，温台黄岩、杜渎、长亭、双穗、长林、南监、北监7处盐场，均由政府盐务管理部门统购统销。

为保证沿海食盐向内地的转运，国民政府在浙江修路、建桥、增造运盐专用的水陆运输工具等，还新辟了多条运输线。抗日战争全面爆发后，浙江沿海食盐的销售区域发生变化，除传统的浙西、安徽与江西外，还需要接济湖南等省份。1938年，浙江省与湖南省政府合作，经浙赣铁路向湖南运输食盐73万担。其后，因浙赣铁路中断，浙江省运往湖南的食盐大量减少。尽管如此，其在1939年和1940年运往湖南的食盐依然达到382915市担和21968市担。

1938年，浙江抢运余姚等场存盐，其线路是先通过内河外海抢运至浙赣铁路沿线再装车向内陆运输，而台州各盐场食盐则通过雇佣外籍轮船，由海门装载出口，至宁波进口，再通过宁波向内陆转运。其后，浙东一带，频繁遭到日军侵扰，水陆交通经常随着战局的进展而发生变化。为适应战时情况，浙江省政府逐步新辟运输线，并先后购置卡车150辆，手车3000辆，在艰苦的环境中，设法维持盐运。战时，浙江食盐的销售由政府根据盐业市场的供求状况进行调整，统筹核定设置集散处所，推行就仓整售，并招设商销机构，加强管制。浙江原设有配销点30处，后因军事需要而缩减为20处。其后，增设古溪、六都、华埠、茶圩等处配销仓，以及上饶、河口、江山、玉山等军盐仓。在食盐销售过程中，两浙盐运管理局一方面根据市场需求随时开放肩销，以资调剂；另一方面，广设商业销售机构，以方便民众购买。在一系列措施的推行下，自抗战后销售数额日渐减少的浙盐，在1943年有所回升，达到近100万担。

抗战胜利后，浙盐运销逐渐恢复到战前状态。1946年，浙江沿海食盐省内销售约180万担，外销赣东20万担，皖南12万担，上海区84万担，另有工业用盐15万担，配放盐销额90万担，总计400多万担。产销虽然平衡，但增产的可能性很小，其原因在于交通的不便与盐业贷款的不足。战后浙盐在本省的运销主要由商人自运自销，外销盐则由盐务管理局招商代运。因为交通不便，所以消耗的运费非常高，终端消费者购买的食盐中只有一半是盐本身的价格，另一半则是运费。

第 五 章

浙江造船业与临港经济

浙江海洋造船业与临港经济是浙江海洋经济发展中的重要环节，海洋渔业与海洋盐业的生产和运输，对渔船与运盐商船的需求是十分巨大的。另外，早期宁波、台州和温州周边区域丰富的森林资源和港口建设，也为浙江造船业的发展提供了重要基础。在中国古代，浙江的造船业分为官营和私营两种，官营造船业主要是完成国家制定的出访船只与战船建造任务，私营船厂主要承接渔船商船建造。除此之外，明清时期，在国家海洋政策限制下，还有一部分是国家无法管控的船厂承建的走私贸易船只。造船业的发展，不仅推动了浙江沿海经济的发展，吸纳了大量就业人口，也极大地提升了浙江的造船与航海技术。进入近代，浙江传统的造船业仍有其市场需求，但现代工业化造船技术直到新中国成立之后才得以落地生根。与之相反的是，近代的港口建设和临港经济在海洋贸易的推动下逐渐发展起来。相当一部分企业依托港口优势，在宁波和温州设立纺织、印染、电灯等现代工厂，并将产品通过港口转运到其他区域销售，很多产品还远销海外，为浙江现代工业的发展奠定了重要基础。

第一节 古代浙江造船业的发展与繁荣

浙江传统造船业在浙江海洋经济中占有非常重要的地位。造船业的发展直接推动了相关产业的形成与海洋造船关联技术的进步。海洋渔业和海洋贸易的兴起和繁荣是浙江造船业得以发展的基础。浙江造船业是从早期的独木舟、木筏手工制作逐渐演进而来的,秦汉时期逐渐规模化。隋唐两宋时期,浙江的造船业达到顶峰,无论是官营还是私营造船厂,宁波的造船数量和质量在全国都居于前列,而这一切都得益于当时宽松的海洋政策和发达的海洋贸易。元明清时期,国家海洋政策逐渐调整,加之造船所需木材的逐渐短缺,浙江的传统造船厂更多的是制造近海渔船和商船,大型远洋船只的制造成本要高于福建地区。近代以来,由于技术限制与上海港的崛起,浙江的现代造船业直到新中国成立以后才得以发展起来。

一、先秦至五代时期浙江造船业的萌芽与发展

浙江作为滨海区域,尽管没有文献实物证明,但结合其他相关考古发现,浙江先民早在远古时期就已经掌握了简单的造船技术,并随着沿海经

济的发展而逐渐成型。随着浙江与中原区域经济文化联系的日益紧密与海洋运输业发展的需求，浙江的造船业逐步发展，并成为中国沿海重要的造船基地。唐代时期，浙江的造船业已经非常发达，与日本来往的官方和民间船只大多在宁波建造。中国的造船技术经宁波传往日本，推动了日本造船技术的提高。

（一）先秦两汉时期浙江造船业萌芽

在浙江萧山跨湖桥遗址出土的完整的独木舟，距今有八千年。据此可以将浙江地区最早出现独木舟的时间的下限定在八千年前。据研究，跨湖桥独木舟出土于木作加工工场，推测该独木舟可能在船的一边或两边被绑上木架，改造成可航行于大湖或近海的边架艇。浙江余姚鲻山遗址也出土过一件疑似木拖舟残件，该残件头部挖成凸榫钩，尾部上翘，推测其为水上的拖运工具，也初步验证了木浮力的功能。河姆渡遗址出土了大量石斧、石凿等伐木工具，以及许多带有榫卯结构的构件，同时具备了木质加工的工具和复杂的工艺。可以大胆推测，河姆渡文化时期已经在使用独木舟，但因为独木舟由有机物组成，易腐难存，到目前没有保存完整的实物。

从最初顺手拿起树枝划水，到独木舟出现后，专用划水工具桨的出现，船舶的推进工具也进行了革新。河姆渡遗址第一期文化遗存出土了8支桨。桨叶与桨柄均连在一起，由同一块厚板材加工而成。桨叶大多呈扁平的椭圆形，桨柄细长，有的残缺，残面呈方形或圆形。浙江余姚田螺山遗址，在一处可能是邻水的小码头或河埠头、独木桥旁边，出土了3支完整的木桨，由整木加工而成，长度均有1米，田螺山至少出土了6支木桨。木桨作为船舶的配套工具，需要适应船只的大小，当后期木桨体量较早期大时，可推测木桨适用的船体也在不断增大。余姚田螺山遗址早期文化层底部，出土了一件完整的独木舟模型器，用整段圆木雕凿而成，已具有比较成熟的船体形态，比独木舟有了进一步的发展。

古越民族经过长期的发展，在殷商时期活动就比较活跃，已经被置于商王朝的统辖之下。西周时期，于越是周王统治下的一个部族，越民族与中央王朝建立起密切联系。殷商王朝要求于越等地方首领进贡中原所缺、而当地特有之物，于越所献之舟当为于越地区之特产，制作工艺优于其他地区之物品。时中国江、河、淮、济四大河流平行入海，南北尚无沟通之水道，于越将舟献至都城镐京（今陕西长安），必将走海路入淮水或济水西行入京。这一方面说明于越之舟不仅适合内河风浪小的水域，更可适应海行，抗风浪能力较强，另一方面可见于越通北部沿海的航线已经得到开辟，远达山东半岛。商周时期，人们开始使用纵横木材相结合的方式造船，再加上青铜制造技术的发展，青铜制的工具比石质工具更为先进，使独木舟发展成具有肋骨和隔舱的复合型木板船具备了技术条件。

春秋时期，于越崛起，逐渐具备了国家形态，春秋晚期建立起古越国。越王勾践曾自称其民是用船当作车，用船桨当作马，像风一样来去自如。越国有专门的造船工场称"舟室"或"船工"，有用作船坞的"石塘"，有专门被称为"木客"的造船工，不仅民间普遍制造扁舟、轻舟、舲等不同种类的船只，其水师也异常发达。勾践在讨伐吴国时，有死士八千，戈船三百艘。戈船，为越地一种战船的名称，大型战船能乘九十余人，三分之一为作战人员。随着冶铁技术的进步，铁质工具应用于造船，越人更精于造船，以"越人便于舟"而名垂青史。越国制造的船只数量众多，有划船、楼船、桴等种类，军队也有很多战船。吴国也类似，根据历史文献记载，吴国拥有大翼、小翼、突冒、楼船、桥船等，种类比越国多。

秦汉以降，越人的海上交通范围开辟得更为广阔，与越地有关的著名航海事件在文献中也屡有记载，其中以徐福东渡入海求仙之事最具代表性。徐福所用的船舶应为有原始风帆的船舶，风顺时用帆，无风或风不顺时由桨手推进。关于徐福东渡的起航地、目的地，史家众说纷纭，此处采用徐福自慈溪达蓬山起航、东渡日本的说法，那么船队需仰赖海流与季风方可渡海。达蓬山离日本直线距离仅几百公里，春夏季节，黑潮主流沿亚洲大陆东岸北上，在杭州湾长江口一带转而向北部偏东方向，进入日本海，成为对马暖流，差不多季节，有偏南和西南季风，由浙东吹向日本。秦代，以徐福船队为代表的浙东海船已掌握海流和季节的规律，巩固了浙东到日本的航线。

西汉时期，楼船成为会稽地区主要的水师战船，甚至有以楼船命名的水师将士如楼船将军、楼船校尉等。汉武帝曾任命朱买臣为会稽太守，派他到郡里造楼船，准备粮食，筹备武器。楼船一般分三层，有的高十余层、十余丈。以楼船为主要战船的西汉水师强大非凡，武帝时期轻易瓦解了东越王余善的反叛。余善一发难，武帝即派横海将军韩说从句章港出征，会合其他几路水师合击余善，当年冬即平叛，统一闽越。句章港的军港之地位益发重要。东汉末年，会稽地区主要的战船有艨艟、斗舰和走舸等。走舸速度快，适合水上作战。献帝建安十三年（208），孙权讨伐黄祖，余姚人董袭利用大舸船速度快的特点击垮艨艟。汉末之后，战争四起，战船普遍应用于各个国家的水上战争。晋朝，镇北将军刘牢之于句章讨伐孙恩，拒孙恩于海上，大规模的水上军事活动从侧面反映出句章造船业与修船业的发达。此外，海盐已经能制造艨艟巨舰，用于航海。孙权曾在吴淞口造艨艟巨船青龙舰航海。

（二）隋唐五代时期浙江造船业的发展

隋唐时期，天下归于一统，社会趋于稳定，人民安定，经济发达，与海外的交流也空前密切。尤其是唐王朝时期，采取开放的外交政策，鼓励通商和发展海外贸易。此时浙江传统的船舶制造随着海上交通的发展得到进一步发展，海舶制作工艺更为精良，种类更加齐全。无论是官营还是民营造船业，都很发达。

隋代时期，越地民间造船厂比比皆是，引起中廷戒备，以致要将之禁止。开皇十八年（589），隋文帝杨坚下诏令将江南民间三丈以上的船只都收归官府。此外，出于稳定统治的考虑，隋文帝禁止民间造船业的过度繁荣，这既是维护官造船舶的垄断，也从侧面反映了越地是造船业最为繁荣的地区。同时越地也是造船原始木材的主要出产地之一，大业元年（605），隋炀帝为巡游江都，需要建造龙舟及各种游船数万艘，特地派黄门侍郎王弘、上仪同于士澄去江南取木头来造龙舟、凤艒、黄龙、赤舰、楼船等数万艘。"江南"即包含浙东在内的吴越地区。可见隋代已经有了强大的造船能力。

唐代，杭州、明州和温州成为全国重要的造船基地之一，这和浙东地区舟行水上的传统密不可分。唐太宗时期，出于战争原因，朝廷召集全国力量赶制大船。贞观二十一年（647），敕宋州刺史王波利等发动江南十二州的工人造了数百艘大船，句章、鄞、鄮、余姚在内的越州就属江南十二州之一。第二年，又下令让越州都督府及婺、洪等州建造海船及双舫1100艘。贞元初年（785—805），韩滉出任浙东道观察使，又打造楼船30艘。甚至有人因具有高超的造船技术而受到皇帝的嘉奖。初唐，明州阿育王寺的一个名叫山栖旷的和尚，中宗孝和皇帝亲自降旨，愿意和金辇一起，击鼓迎接他造船。除官营造船外，浙江沿海的民间造船业也十分发达。唐代浙江打造的船只，主要有"舴艋""大船""双舫""楼船""海船"等内河船只和近海海船。其中海船以船身大、容积广著称，大的船舶长达20丈，可载六七百人，载货万斛。不仅如此，海船的抗风浪能力强，适合海上航行，深受外国商人的喜爱。唐代海船的打造已经使用钉榫接合和多道水密隔舱结构，使海船增强了横向强度和抗风浪、抗沉没能力。由于船体结构坚固，帆桅也相应增加，所以更适合远洋航海。

目前，在全国范围内，暂时没有发现唐代海船的出土，但明州地区唐代造船遗址的发现，及其遗址中龙舟的出土可以从侧面佐证隋唐时期浙江造船工艺之先进，造船范围之广泛。此外，唐代温州独木舟的发现，也佐证了浙东造船业的发达。1973年，宁波在城市的基建中发现宁波市区和义路遗址，该遗址出土大批木渣、碎板，推测其为船上用板材，这些板材上有些有明显的刀削加工痕迹，甚至留有铁钉锈迹及油灰。普遍使用金属加工木材板，可推测此处应为造船场遗址。另遗址内还留有房屋支撑柱子的遗迹，柱子大约30厘米粗，有的还有系绳的痕迹，同时出土的还有芦苇、稻草和黄色竹子，结合文献记载的和义路沿江一带在唐宋时期是造船场所推测，此处应为维修、建造船舶的棚舍遗存。中唐以后，当时的船场已经能建造载重为25—50吨的海船，商船能乘40—60人。海船的体量及规模要远远超过出土龙舟，可以想见，海船在船舶制造、维修的过程中采用的施工工艺和船工技术更为复杂和精妙。

在唐船从明州出发，横渡东中国海，经过肥前松浦郡的值嘉岛，抵达博多港，成为中国与日本跨海通航的主力军之前，日本遣唐使舶承担运送使团人员入唐的任务。当时的遣唐使舶大都由周防国、安艺国等建造，大小约长十五日丈，宽一日丈余，非常脆弱，船身前后拉力小，一旦触礁或者因巨浪而颠簸，便马上会从中间断开。9世纪中叶，遣唐使被废止后，往来于唐日的船舶主要是由明州出发的唐朝商船。明州商船相较于日本的遣唐使舶拥有许多的优点，如船身小且轻快，质地牢固抗风浪且速度更快，再加上明州商人熟稔通日航路，擅于利用季风和海流，能安全快速地将船航行于唐日之间，因此遣唐使或学问僧都选择乘唐船往来。日本朝廷下令在日本各地建造海船，学习中国造船的经验。明州商团中的造船师甚至留居日本，负责船舶监造，将船舶制造技术和航海技术传播到日本。依据日本1975年发行的邮票图案，日本遣唐船使用的是篾席制成的双帆，该硬帆继承中国风帆的优秀传统，并在首部设绞碇机，碇石为木石结合碇等设置都借鉴了中国海船的装备。以李邻德、张友（支）信、李延孝等为首的明州商帮（团），往来于明州港、值嘉岛和博多津，他们在商贸之余还能建造、修理大型船舶，不仅在明州有航运基地，而且在日本各地也留下了船舶建造的痕迹。目前，日本五岛列岛的奈留岛（浦）等地还留有当时的造船遗迹。日本真如法亲王入唐时，乘坐的不仅是张支信打造的船舶，而且由张支信执舵。张支信在大中元年（847）驾驶船从明州开往日本，顺着西南风三个日夜才到达值嘉岛的那留浦，刚进入浦口风就停止，在多年的航海经验下，以张支信为首的明州商人善于利用季风和海流，三日内就能从明州横渡东海到达日本值嘉岛。咸通三年（862），在日本真如法亲王入唐的这次航行中，偶遇风向不对、浪打船尾的情况，张支信的对策是收起船帆把石头沉下水。之后待到顺风的时候再重新航行。由此可见，当时明州商人善于利用顺风，即使无风或逆风也懂得利用抛锚装置来固定船舶，保障航行安全。

五代吴越国时期，湖州、杭州、越州、台州、婺州、括州等地都设有造船基地，打造了大量的船只。其中以战船、龙舟、海船最为著名。吴越国的战船有数百艘，其建造非常独特，船头刻有龙头，船中配备有火油发射筒。龙舟主要是供皇室和贵族所使用，当时吴越国每年要向宋朝进贡龙舟。宋朝初期，吴越国进贡的龙舟达到两百多艘。此外，吴越国也打造了很多用于海洋贸易的船只。不仅是官方，民间打造的商船数量也非常庞大。有名可查的吴越商人如蒋承勋、李盈张、蒋衮、俞仁秀、张文过、盛德言等，都拥有自己建造的船只。当时前往日本贸易的中国船只，大多来自吴越地区。

二、宋元至明清时期浙江造船业的繁荣与衰退

宋元时期，浙江的海洋经济日益发达，海上航线和交通日益繁忙，与之相关的造船业无论在规模上还是质量上都有极大的提升。宋元时期，宁波的造船厂不仅能建造大型出海使团航船，还能生产近海渔船和漕运船只。从造船比例上看，宋代浙江占全国首位。明清时期，国家海洋政策的变化使得浙江的造船业受到诸多限制。与官营造船业不同的是，宁波民间造船业与民间贸易仍得以继续发展。不过，明清时期浙江的造船业建造的基本是近海渔船和商船。大型船只由于缺乏木材转由福建和广东建造。

（一）宋元时期浙江造船业的繁荣

北宋以降，随着国家经济重心的南移，浙东地区与海外交往更为密切，造船的规模与造船的技术进一步发展，处于全国领先地位。在唐代造船业发展的基础上，北宋时期明州和温州是浙江主要的造船基地。明州港的造船吨位和技术水平位居全国前列，成为全国重要造船基地之一，不仅能生产漕运船、海船、渔船，甚至能制造使团出行乘坐的"万斛船"，东亚各国的许多使团商人来到明州乘坐的也是明州所造之船。宋哲宗元祐五

年（1092）正月四日，诏告温州、明州每年造船按600艘为额度。直到北宋末年，明州仍维持这样的造船额度。纵观北宋年间，从造船数量上看，明州港翻倍增长；从造船比例上看，明州港占全国造船比重明显上升，位居全国首位。北宋时期温州的造船业也达到一个新的水平，当时温州的造船业分为官营和私营两类。官营造船厂设在城区附近的郭公山下沿江一带。真宗天禧年间（1017—1021）末，温州每年打造的粮船达到125艘。哲宗年间（1086—1100），温州官营造船业有了飞速的发展，造船额急剧增加，在全国名列前茅。南宋时期，浙江的造船业主要集中在临安、明州和温州。南宋临安造船厂所打造的船只主要分为江海船舰、河舟和专门用于西湖游览的湖船三种。海船船身巨大，大的有五千料，可载五六百人；中等的有二千至一千料，可载二三百人；小的被称为钻风，有大小八橹或六橹，每船可载百余人。在浙江等大河上航行的船只，种类非常多，包括海舶、大舰、网艇、渡船和客船等。明州船场所造船只除了用于水路的漕运和沿江沿海的海防需要外，更主要是用于海上贸易。高超的船只制造技术使得其他沿海地区的海船有时也由明州和温州船场打造。南宋时期温州每年除打造战船外，还需要打造粮船340艘。当时温州船场已经可以利用图纸来打造船只。

除官营造船和市舶造船之外，北宋时期浙江民营造船业尤其发达，而且其造船比重也越来越大。南宋中期以后，民营造船业更为普遍。民间造船一般没有固定的船场和人员，是由船主自备材料，根据需要聘请造船工匠，选择适宜的海滩或江岸来制造船舶的。南宋时期，政府为镇守河口关隘，往往向民间征用民船，而明州地区被征用的民船越多，越能反映当地民间造船业的发达。后因被征调的民船大抵都会使船主遭受损失，成为官员作奸索贿的事由。宋理宗宝祐五年（1257）七月，吴潜订立《义船法》，令明、温、台三郡都县各选乡之有财力者，团结应征，减轻船主负担。开庆元年（1259），明州地区民船的数量达到7916艘，其中船幅一丈（约合今3.07米）以上的有1728艘。各县统计数据中以昌国县（今舟山）船只数量最多，达到3324艘。奉化县和定海县次之，分别为1699艘和1191艘。该处的民船主要是指沿海的渔船。仅以鄞县、定海来说，有大对船、小对船、墨鱼船、大莆船、淡菜船、冰鲜船，还有溜网船、拉钓船、张网船、闽渔船、小钓船、串网船、元蟹船、海蜇船、抛钉船等。根据不同的用途、类型可划分出不同种类的船只，这些船因尖头、尖底、方尾，演变成典型的"浙船"形象。温州所属四县民船也达到5083艘，其中船幅一丈以上的有1099艘。

宋代明州官营造船场（厂），位于城外一里，甬东厢。据考古发掘，造船场（厂）遗址，就位于今姚江南岸的江心寺到江东庙一带。这条街也因此得名为建（战）船街。1973年底和义路遗址发掘时，发现两排南北向的30厘米左右直径的柱子，有的柱子还留有被绳子系过的痕迹，同时出土的还有许多芦苇、稻草和黄色竹子，据推测，该处应该为修造船舶的棚舍之类的建筑。在宋市舶务城门（来远亭）和江厦码头区之间设有的归市舶司直属的市舶船厂，承接过往船舶的修造。1978年和1979年，宁波东门口交邮大楼施工地遗址出土了大量的木头，有板、树、木片、木渣和十多只保留着油灰的臼，有成堆的油灰、麻绳、棕绳、竹索及船钉等修船的遗物，还有堆积的木屑，可以确定是个修船的作坊遗址。该遗址位置在市舶务城门外北侧，很有可能是市舶船厂的遗址。1998年5月，东门口余姚江南岸的船场遗址进行了抢救性考古发掘，出土大量船板、船首肋骨和船用木料加工后留下的大量木屑、油灰等造船遗物，验证了此处船场遗址的存在。另外定海（镇海）招宝山下也有船场的设立。

宋代浙江所造海船船型已经形成独有的特征：尖底，船身扁阔，长宽比例小，平面近椭圆形。尖底是明州船匠一直坚持的船型，他们认为尖底适宜海域破浪航行，还可以增强船舶的稳定性。南宋孝宗初年，政府下令明州制造平底海船时，明州船匠们坚持认为"平底船不可入海"而拒绝打造平底船。明州宋代出土两艘海船均为尖底船。

北宋时期，浙江在建造海船时已普遍使用水密隔仓技术。北宋古船共有八道舱壁，将船分为九个舱室。目前从残存的5个舱壁上，可以看到距离较大的两舱壁之间会增设一档肋骨，用以增强舱室的稳定性并保证舱室的空间。而水密隔舱也并非完全隔绝，在每个舱壁的最低点，即在龙骨中线的上方，肋骨上凿有一小孔作为流水孔，平日用木塞塞住，作清洗舱底用。精巧的设计与部分技术的改进充分反映了我国古代造船工匠的经验与匠心。另一项船舶技术的革新，是舭龙骨的出现。舭龙骨又称"减摇龙骨"，在海船航行时起到减缓摇摆的作用。北宋古船上发现的舭龙骨由半圆木制成，残长7.1米，最大宽度90毫米，贴近船壳板处的厚度为140毫米，安置在船板外舷之下的舭部，与龙骨齐平。这一技术的应用比国外大约要早七百年。此外，浙江海船上八桅杆装在转轴上，起到缓冲作用，保护桅杆在大风中不被吹断；正帆之外增设小帆（野狐帆），借助风势前进；使用铅锤测水深，防止尖底海船的搁浅和倾覆；设置大小二舵，根据水道深浅使用不同的舵；等等。宋代海船为增强航海安全、提高航海速度，对船舶的建造做了各种技术的改进，船工亦积累了更多的造船经验。

最能反映宋朝浙江造船水平和工艺精妙的船舶是北宋朝廷为出使高丽而在明州打造的大型使船神舟。北宋时期，朝廷三次遣使通高丽，均由明州港出发。第一次和第三次出使高丽的船舶均是明州港打造的神舟，皇帝赐名神舟，驶至高丽，受到其国人的拥戴欢迎。元丰元年（1078），宋神宗遣安焘为国信使出使高丽，在明州打造两艘船，一艘叫凌虚致远安济，另一艘是灵飞顺济，都被称为神船。两船从定海向东航行，到了的时候高丽人都欢呼着出来迎接。宣和五年（1123），宋徽宗诏遣给事中路允迪第三次出使高丽，明州又制造两艘船，增大形制并改了名字，一艘叫鼎新利涉怀远康济神舟，另一艘是循流安逸通济神舟。本次出使的神舟体制比第一次更大，随使高丽的徐兢对神舟的规模、技艺评价甚高，更是让高丽人叹为观止。这次出使除2艘神舟外，还有6艘客舟。根据惯例，建造客舟，也由明州装饰，客舟与神舟类似但略有不同。客舟的规模长十余丈，深三丈，阔二丈五尺，可载二千斛粟，材质用木头，形制上方平，下侧像刀一样，因此可以乘风破浪，是适合海行的航海船舶。而神舟的规模、船上器物和人数都是客舟的三倍，据客舟的体量可以推算出神舟的载重更为庞大，结构也更为合理，确实属当时世界一流的船舶。此外，明州的造船场还有很重要的装修船舶的功能。

公元1271年，元代建立。元世祖至元十三年（1276），元军占领庆元，改庆元府为庆元路。元代庆元港的造船业持续发展。元代庆元、温州和台州均能制造不同功能的海船。庆元官营造船场仍沿用唐宋时期的旧址，一处在余姚江南侧，一处在灵桥门附近，会打造一些较大型的远洋海船。元代浙江沿海的庆元、温州和台州均为运输海漕的重要港口。元初浙江沿海的海漕船由南宋遗留的兵船改装而成，载重仅300斛左右，后主要由灵桥门附近的船厂修建，载重1000斛左右，两头各置一舵两桨，前后对称，可在危难时刻首尾互换，省去调头的风险。此外，温州和台州也制造了大量的漕船。文献记载海上漕粮船中，温、台船只尖底，食水深浚，抗风浪强，能破浪前进，航速较快。至顺元年（1330），江浙间运粮装泊船只的数量为1800艘，其中属于浙江的有627艘，占到全部装泊船只数量的三分之一。尽管漕运船数量不多，但打通了浙江与大都之间的航路，为南北船帮的形成奠定了基础。

作为造船、修船基地，浙江沿海的宁波、温州和台州大力发展战船的生产。元初至元十八年（1281），忽必烈第二次征日，南路从庆元港出发。

这次出征规模为4400余艘战舰和14万水师。忽必烈为东征日本,曾摊派江淮两浙地区加紧赶制大量海船,庆元也是重要的造船基地,余姚江南侧的造船场就生产过战船。至元二十九年(1292),忽必烈发兵两万,战船千艘,出兵庆元,征讨爪哇。除此之外,浙江沿海的民间造船业也非常发达,不少远航日本和朝鲜贸易的船只均为民间制造。元末,方国珍踞守庆元,拥有1000多艘战船,政府将他招安使其掌管海漕运输,他的战船改为漕船。这些船只大部分都为民间制造。

(二)明清时期浙江造船业的衰退

明清时期,浙江造船业在曲折中缓慢发展,如郑和下西洋船队中八橹船的打造、出使琉球发封舟的制造都为当地官方造船业发展提供了契机。八橹船是郑和下西洋舟师中所配用的具有代表性的船艇之一,属浙船,主要由明州建造。八橹船在郑和船队属体量较小、灵活机动的辅助船舶。主尺度与东仔船、苍山船、鸟船等尺度相近。总长约为8丈,折约22.6米,最大宽为2丈,折约5.66米,其排水量约在百吨以内,编制约有50人,共配8支橹,另备2支橹。八橹船适应性极强,有风时使帆,无风时用橹,在深水近海均能行驶。在郑和船队中,既可以执行侦察任务,又可以在船队中互相联络;既可以行驶狭窄航道,又可以快速执行战斗任务。八橹船是广泛使用于沿海的传统船型,浙江"绿眉毛"型号的木帆船还与之有很大的相似之处,可见它是一种经济实用又具有生命力的海船船型。另外,明清两代出使琉球时,常常在浙、闽一带征用民船,作为出使船只。因使臣常持有皇帝的敕书对琉球中山国王进行册封,因此该种船舶被称为"封舟"。清康熙五十八年(1719),徐葆光率二船奉使琉球进行册封,二船均为浙江宁波府征用的民间商舶。一号封舟为使臣的座船,二号封舟专载随行兵役。两艘船的规制、装备、人员配备相差不大，但在船体舱数分隔上，二号比一号多出近6倍，实现功能性的差异，另外一号船的船椗也更为复杂，具备大椗、小椗和椗索，形制如"个"字，材质为铁力木。由此可以看出，清代浙江打造的民间海舶，尤其是供出使的船舶具备相当的技术实力。

明代浙江沿海的宁波、温州和台州仍是浙江最重要的造船基地，所制造的官船，种类分漕船和战船。漕船根据其航线的不同规格也不一样。明初海运漕船被称为"遮洋船"，装米四五百石的遮洋船一般底长6丈，头长1丈1尺，梢长1丈1尺，底阔1丈1尺，底梢阔7尺5寸（1尺合今0.317米）。河运的漕船被称为"浅船"，宣德年间（1426—1435），浙江浅船总数为2046艘。浅船底长5丈2尺，头长9尺5寸，梢长9尺5寸，底阔9尺5寸，底头阔6尺，梢伏狮阔7尺。除漕船外，浙江还建造了很多水师用的战船。根据明朝政府的要求，浙江的沿海卫所，每千户所装备倭船十只。每百户装备船一只。每一卫有五所，一共有船五十只，每船旗军一百。日常损耗的战船由造船部门重新建造，而损坏的船只则由军队自行修理。因此，明代浙江沿海所用战船基本都是当地官营船场自行建造的。为了方便战船的维护，不少卫所均设有修造战船的船场（厂），而船场（厂）打造的海船除战船外还有一定数量的海运船和其他用途的船只，而且战船也有很多是由原先渔船、运输船等改造而来的。明代浙江沿海建造的战船无论是数量还是种类都是非常多的。这些船只除部分由官方船场建造外，相当一部分是由民间船场建造的，部分战船直接由民船和渔船改制而成，如沙船和网船。

明代浙江造船业十分发达，在象山发现的一艘保存较为完好的木制帆船对研究明代浙江所造船舶的结构、特点有很好的参考意义。1994年，宁波象山涂茨镇后七埠村塘西木山与对面山之间的堤坝以北约200米处的海泥堆积层中发现一艘沉船，1995年宁波文物考古研究所进行了抢救性发掘。出土时，海船上部结构已经损坏，船首损坏较多，船中后部基本保存完好，右侧比左侧保存稍高。木船残长23.7米、残宽4.9米，尖首方尾。根据船舱出土遗物的时代特征，其中一件小口瓷瓶是典型的元代器物，其余几件龙泉窑瓷器多为明前期的产品，再根据与1984年山东蓬莱出土的元代（或元末明初）海船类比，结构和特征上有许多相似之处，可大致判定，象山海船的年代不早于明代前期。象山海船的结构特征反映明代初年先进的工艺水准和造船技术。象山海船归为"刀鱼船"的船型，因体型修长，早期被用作渔船，后演变成战船，或做其他用途。造船技术的进步使海船制造更为专业化，浙江一带的船场造船技术更为成熟，为中国四大船型之"浙船"的生产提供了系统化的谱系。

　　不过，相比宋元时期，明清时期政府的限制使得浙江船只建造没有大的突破，特别是木材的短缺，使得明清时期宁波、温州等地的造船业规模呈下降趋势。如清顺治八年（1651），浙江宁波等地兴办了以海上战船为主的官营船厂，宁波船厂设在原宋代造船场原址，即今姚江南岸和义路的战船街一带。但是船厂很快面临了造船木材匮乏的严重问题，这一问题的持续导致官营造船厂逐渐衰弱。不过尽管如此，清代浙江的造船业仍维持了相当规模。清代浙江的造船业也分为官营和民营，其中官营主要打造战船和运粮船。乍浦、宁波和温州的造船厂均以打造战船为主，其中乍浦负责战船器械修造，宁波负责维修营船，温州负责建造船只。从所承担建造任务的不同就可以看出，浙江沿海造船业由于原材料的限制已经逐渐由北向南转移。即使是温州，其后期船只建造所需要的木材也大多是从福建和广东购买的。清代浙江宁波、温州和台州沿海的民营造船业主要制造的是用于近海捕捞的渔船和远洋航行的商船。其中，近年来考古发现的"小白礁I号"就是一艘典型的清代商船。经初步分析研究，"小白礁I号"在船体构造上既具有典型的中国古代造船工艺的特征，也保留了一些国外的造船传统。由此也可看出，浙闽一带清末的造船业在取材、技术和工艺上有明显的中外融合的痕迹。

清代浙江由于商业贸易发展的渴求促使造船业在船舶制造中衍生出多种不同类型的船只，并且形成几种经典的优秀船型，如绿眉毛和疍船。宁波绿眉毛是浙江沿海最优秀的船型之一，早在宋代时期就出现鸟头造型的船型，艏艉两头翘，艏柱和上端照面板呈鸟嘴状，倒八字形的艏部两舷侧雕绘有黑白相间的"鸟目"，称为"鸟船"。明清时期基本定型，发展成为"绿眉毛"，因船头鸟目上涂有绿色弯曲的眉毛而得名。绿眉毛船，可能是宁波乌漕船的别名，多活动在宁波、舟山、温州与台州一带，主要航线为温州—宁波—上海，航速较快，从吴淞口到定海只需18小时左右，顺风10小时能到。因舷弧深、梁拱高，抗风浪能力强，所以也能远航山东、福建、台湾地区，甚至能到达日本、琉球和南洋群岛。绿眉毛舷墙高，舱口小，装卸不大方便。鸦片战争前，在浙江各港往来的绿眉毛海船有一千多艘，年货运量达10万吨，大部分集中在宁波，是宁波的常用船型。疍船，又称卤疍船，最初为装运盐卤而建造。创建于清代，流行于宁波、余姚、绍兴一带。疍船型线特征平头首，尾封板呈倒梯形，平底无龙骨，安装舭水板，有良好的减摇效果，分舱多，舱口小，装卸不大方便。速度较快，从宁波到上海只需15小时左右。疍船主要航行于宁波与上海之间，鸦片战争前，宁波拥有疍船400余艘，从宁波到上海就有200余艘。疍船也能远航沿海诸线和内陆长江，航行区域很广。清道光六年（1826），疍船受清政府招募，成为上海到天津的海漕运输船。

晚清民国时期浙江的临港经济

随着海洋贸易的繁荣，与航运、贸易相关的一系列新兴行业兴起，丰富了海洋贸易的衍生行业的种类，并为近代浙江民族资本的投资拓宽了渠道。轮船在海洋贸易的普遍使用，促使大量现代工业沿海港口建立形成临港工业，并催生了轮船修造业。与贸易繁荣共生的航运风险的增大，刺激了航运保险业的发展。海关管辖下的海洋贸易为提高海关报关的效率，促使代理报关业务的报关行产生。海洋贸易不断扩大的资本需求进一步拓展了金融市场，使新式银行取代旧式钱庄。在宁波对外贸易逐步扩展与航运繁荣的同时，现代临港工业与涉海服务体系逐渐出现，并逐步取代传统海洋工业与金融方式。

一、浙江现代港口船舶修造业的建立

晚清以来，浙江沿海的船舶维修行业也随着船只规格的变化而进行改良。从以前传统的木帆船修建，到对新式轮船的维护，到民国时期，浙江沿海各港口已有大大小小各式新式轮船维修工厂，以及既可维修又能修建

的传统帆船企业。宁波因与上海往来密切，因此往来宁波与上海港之间的
轮汽船的大修和保养工作多在上海完成，而小修小配的工作有一部分业务
在宁波完成。早在1900年，宁波商人徐炳贵就创办了汇昌机器厂，专门修
理在宁波港停泊的新式轮船。与汇昌机器厂性质相类似的还有顺记、全通
等兼营船舶修配业务的机器厂。宁波靠近上海的区位特征使得宁波本地长
期以来没有专门的轮船修造企业，前述各机器厂只是兼营轮船修造业务。
1900年，镇海籍海员土宝全的徒弟徐荣贵在其师傅开设的广德兴铜匠店的
基础上筹资200元，在江北岸车站路独资开设顺记机器厂，承接一些小修
理业务。1905年，宁波商人徐炳贵在宁波江北岸创办汇昌机器厂，专营轮
机修理，与顺记在业务上展开竞争。1915年，顺记集资5000元，改为合伙
经营，徐荣贵为经理，自制8马力柴油机一台，迁厂外滩北京码头，越来
越多地承接轮船公司的机轮维修业务，20世纪20年代，宁海轮船局、外海
水警局、三北轮埠公司、永宁轮船局、宝华轮船公司五家机轮20余艘均由
顺记承做。1920年，宁波恒大造船厂在宁波船厂巷设立，1929年，恒大造
船厂首次成功制造铁壳汽油船，至1937年，共制造8马力拖轮5艘。20世
纪20年代，宁波商人引进西式制造工艺，建立大丰机器造船厂。1928年，
李云通等人集资8000元在江东船厂巷设立鸿大造船厂，"以打造5—15吨位
的轮船船壳为主，兼营修理业务"。该厂抓住地方河运发展的机遇，为地
方河运轮船提供汽船船壳，使得其在宁波修造船业中小有名气，其年收入
达2.4万元。其后，恒大和胡发记两家造船厂先后开设。1930年，宁海轮
船局、顺记机器厂、远昌冷作厂、胡发记造船厂与上海商人项意心集资6
万元，在宁波江东开办宁波轮坞公司，建成长200英尺、宽60英尺、深12
英尺的船坞1座，公司主营修理船舶，年营业额7万余元。1931年，大丰
机器造船厂倒闭。同年，鸿大造船厂置手摇绞车、扯船机等，有职员26
人。截至1949年，宁波有私营造船厂4家，小型船坞（排）3座，从业人

员30人，可修理200吨以下船只。宁波市以外的定海沈家门也于1924年创办过一家长生船厂，资本为1.2万元。长生船厂设立后，从宁波、台州、温州经舟山前往上海的轮船在该海域发生故障后可以及时得到修理。此后的1926年，宁波镇海创办的范顺春、乾广隆两家机器厂也兼营轮、汽船修理业务。从资本额、营业额和业务规模可知，宁波港的船舶修造业确实远远不如上海港发达。抗日战争全面爆发后，宁波船舶机器厂被国民政府征为军用，且海洋交通运输阻断，修造船业均停滞不前。浙江沿海港口的汽轮船修造基本集中在宁波，但其规模相比上海而言则远远不如。究其原因，除了宁波本地的技术因素外，最主要是，随着晚清经济格局的变化，上海已经取代宁波港成为中国最大的外贸港口。相较宁波，上海港的区位优势可以集中大量的人力、物力、财力和技术来支撑造船产业的发展。而上海与宁波的距离近，使得宁波港停泊船只在需要大修的时候都会选择上海。

与外海轮船修造业相比较，浙江内河轮船的修造业就不仅仅局限于宁波一隅。杭州、温州、嘉兴都有小型的内江轮船修造厂。杭州最早的轮船修造厂是1918年杭州振兴商轮公司下属的轮船修造厂，资本额1000元，厂址在杭州闸口。该厂主要是替振兴商轮公司轮船进行保养和维修。于1921年钱江商轮公司创办的轮船修造厂也是类似性质，并不对外营业。与之相类似的还有1926年杭诸汽轮公司投资兴建的杭诸公司轮船修造厂。截至1930年代初，杭州有轮船修造厂6家。温州最早修造轮汽船的工厂是1911年由瑞安手工业家李毓蒙集资4000元创办的毓蒙铁厂，不过该厂到1919年才开始兼营轮汽船的修造业务。其后温州开办的还有瓯利、新蒙、安华、毓华4家轮船修造厂，但规模都较小。浙江沿海航运船只除了少数现代化的汽轮船外，在内江和沿海航行的各类船只更多的还是传统的木帆船。民国时期，尽管浙江沿海公路、铁路交通建设达到一个新的水平，但中小城市之间的联结仍旧依靠沿海与内江的帆船航运。民国初期，浙江沿海与内河航行的木帆船多达10万余艘，其建造和修理工作大多在本省完成。据不完全统计，20世纪30年代前后，浙江木帆船造船厂有220余家，分布在11个县内。相比轮船制造数量的稀少，民国时期浙江省的造船厂修造了大量的木帆船，其种类包括海运和内河商船与渔船。这一时期木帆船厂所制造的海船船型既有载重量较大的"花屁股""鸭屁股"和"荷叶屁股"3种船型，也有形制较小的帆船。同时，内河与内江建造的木帆船有江山船型和绍兴船型，江山船型主要适合在山区河流行驶，也可在宽平水面航行，是钱塘江干支流航运的主要船型；绍兴船型按其颜色又分为乌篷船和白篷船，适合于平面水网河道航行。据估计，按照每家造船厂每年造船10—20艘计算，民国前期浙江新造木帆船有2800—4200艘。1920—1937年，仅玉环楚门和坎门两镇的航商先后打造的100吨以上的海运商船就有25艘。抗战全面爆发后，浙江沿海造船业在战争影响下受到严重打击。其后，随着宁波、台州和温州的沦陷，浙江的沿海和内河造船厂数量急剧减少。以台州为例，其内河轮船主要由海门曹恒梁轮船工厂和海门顺利机器造船厂两家制造。战时海门港两家船厂共修造"永升"轮、"运大"轮、"金汇源"轮、"新章安"轮、"顺利"轮和"江东"轮等8艘次，共计360.42吨。自1942年起海门港外海轮船停航后至1944年11月这两年多期间，海门港总计新造航海帆船100余艘。到1945年，海门保存登记的航海帆船还有23艘。

二、浙江报关行与航运保险公司的出现

报关行，是指专门从事接受进出口货物所有人委托，代理其向海关报关的中介服务性机构。1861年设立浙海新关之后，浙江也出现了这种在通

商口岸独有的新兴行业。

新关成立后，外籍税务司负责新关对外贸易税的征收，这带来的直接后果是，大批外籍官员进入海关担任稽查员、税务员、验货员等，他们以英语为官方语言，同时报关纳税程序所需的文件和单据，如报单、税单、三联单、凭证等一律用英文书写。新关出台新规，要求无论华洋，所有新式轮船均通过新关报关。而新关报关程序要远远复杂于清政府报关程序。因语言的障碍与报关程序的烦琐迫使许多从事轮船航运的华商请人代为报关。于是，专门代客办理报关手续的一种中间性的代理行业"报关行"应运而生。另一方面，海关官员因省去沟通与费舌解释之苦而对这一新式行业乐见其成。

浙江报关行的代办报关业务流程与全国报关行的流程大同小异。首先，由货主向报关行提供与货物有关的单据、证件，收货行号的称谓、地址，缴纳手续费和运输费、杂费，报关行即向海关申报货物的品名、数量、金额、起运地点并交验规定的单据、证书和缴纳税金。报关行的营业收入最核心部分即是为客户代办业务收取的佣金，收费没有统一标准，一般按货物价值的2%至10%收取。另一部分属于额外收入：一是垫款利息，即报关行代客垫付的各种费用，如关税、车船运输费、装卸费、上栈费、轮船舱位费及其他杂费等，客户须支付一定利率的息金；二为轮船公司回扣，轮船公司为获得稳定的货运业务，常与报关行订有协定，同意从运费中给予报关行一定回扣；三是报关行在为客户的货物估税时有意下降货物等级，以多报少。另外也可从客户打点海关及船公司的活动费中收取回扣。

报关行的营业收入中有一块是收受轮船公司的回扣，一些承运公司为节省这部分利益而自行成立转运行，除报关业务之外，还增加了为客商办理货物托运的业务。很长一段时间里，报关行与转运行并存，形成了宁波报关行独有的特色。转运行在为货主进口报关的同时，根据货物提单所载明的来船班期，先行准备驳船（有自备驳船，也有长期约定的驳船）和装卸搬运工人，以便卸货；在出口报关中，接到货主货单后，先向轮船公司接洽装货的船舶和预订吨位，并商定开船班期，同时约定驳船和工人，准备装运货物。在激烈的竞争中，转运行的存在对报关行构成严重的威胁，促使报关行逐渐拓展托运业务，报关行与转运行的界限模糊，成为相同业务的港口贸易的服务企业，这些企业都称为报关行或报税行。

保险业是具有社会互助性质，使投保人通过购买经济补偿的方式，以应付自然灾祸或意外事故造成的财产损失和人身伤亡的行业。作为近代商品经济的产物，近代意义的保险业是随着西方资本主义而进入中国的。鸦片战争前后，中外海上贸易繁荣，外来轮船常年海上航行，时会遭遇飓风、海啸等自然灾害和触礁搁浅、碰撞失火、海盗劫掠、战争等人为损伤，由此派生出以海上的财产及其利益、运费和责任作为承保保险标的保险——海上保险（又称水险）。宁波开埠后，往来于沿海港口的客货船舶增多，海盗猖獗再加上自然灾害频繁，商人逐渐寻求新的方式将未可知的运输损失降到最低。宁波曾尝试由在甬各帮行会设立类似船运保险业的机构，雇船护航，对遭遇海盗的船只进行补偿：船员被海盗扣押时出金赎回，如被杀则给死者亲属一笔款子，以作赔偿。这可以看作是宁波航运业自发建立保障机制的尝试，也是宁波民族保险业的萌芽。

在浙江，真正意义上首先涉足保险业的是外国洋行。19世纪中叶，洋行的业务重点逐渐从直接从事商业贸易转移到航运、船舶修造、银行、保险等为海洋贸易服务的相关行业上来，洋行代理保险业务主要代理西方各国保险公司的水火险业务或本国公司经营贸易货物保险。清同治三年（1864），"怡和""恒顺""广元""宝顺""悦来"等洋行代理英商海上保险公司、联合保险公司、利物浦承保人协会和广州保险公司的保险业务。

后发展为外资保险公司直接在甬设立分公司或代理处，如英商公裕、扬子、美商美亚、花旗合群等公司。1930年在宁波新开设的有12家，次年在甬公司共37家，其中英商19家，美商10家，德商2家，法商2家，国籍不明者4家。此时外商始终在浙江保险市场占据较大份额。自1928年颁布《保险法》之后，国民政府相继出台几项保险法律章程劝导人民积极向华商保险公司投保，支持民族保险事业。此前上海外商保险公司在浙江设立的分公司和代理机构逐渐迁离，到1937年，外商分公司仅剩8家。

浙江专营水险的公司有早期的保险招商局宁波分局。1875年12月28日，由唐廷枢、徐雨之发起，在上海、宁波、九江等通商口岸集资成立保险招商局。资本规银15万两。分1500股，每股100两，后资本增至20万两。宁波分局同时成立，员董汪子述，地址江北岸轮船招商局，其业务委托宁波轮船招商局代理，经营范围为招商局轮船和货物运输保险，并以局轮所到达口岸为限。这是浙江由国人集资创办，设立最早的水险机构。第二年，上海仁和水险公司成立，保险招商局停业。此后，华通保险公司等一应华商保险公司在宁波设立办事处或代办处。20世纪20年代后期，银行资本投入保险业，中国保险市场焕发生机，如东莱银行投资开设安平保险公司，金城银行投资开设太平水火保险公司等。20世纪30年代初，实力雄厚的四明及中国天一等上海华商保险公司相继在甬设立分公司，使甬地保险走向鼎盛。1937年，华商保险有18家，在保险业务上外商占总额由三分之二降至三分之一，华商则由三分之一升至三分之二。

晚清时期，与海洋经济最直接的险种是水险，分为船舶险、货物险、运费险，又分为船壳平安险、船壳责任险，包括在洋面行驶中触礁、相撞、被焚致受损失或全船沉没；货物运输平安险，包括货物装载的船舶遇有不测；水渍险，包括货物装载船只途中遇有风浪，以致货物受有水渍；海盗险，包括运输途中银洋、货物遇盗被劫；兵险，船行中途因战事为敌扣留而受损失。主要投保的是前两种保险。其次是火险，分为厂栈险，包括各种堆栈；货物险，包括各种厂栈仓库内的货物等。还有一种寿险，其中的责任保险，保障旅程中旅客的安全。从实际投保上看，浙江的投保者多投火险，其次是水险，再次是寿险。

在水险的投保手续上，先由货主对货物名称、数量及装载船名、运达地点开具清单。并提出保额交保险公司约定保障期限，保价以银两1000两为单位。在议保成功后，保户先缴纳保险费，由保险公司出给保单及收据。保险期内若有损失，即凭保险单及保费收据向保险公司索赔。船货到达目的地后，保险责任即行终止。而保险费率随着保险危险程度的不同而变化。货物的保险，不只是平常的时候，即遇战事、抢劫之类的，所有可能发生的意外，都可以保，只有价格会分等次：在战争中的保价最高昂，比平常增加几倍；而盗窃等事情则次之，但也和平常保险不相同，因为这样的事情不是可以预测到的。保险业的理赔，宁波公司是没有权限的，小的赔款由上级公司授权本地公司处理，数额较大的赔款由上海公司委托公证行查勘定损，共保的赔款由上海公司报告上海保险业同业公会，公会支持由保额最多的公司指定公证行委托办理查勘定损。

三、浙江临港经济的形成与发展

作为浙江沿海最主要的港口，宁波的港口基础建设与临港交通都有效支撑了宁波现代临港经济的形成与发展。海洋贸易的发展不仅将浙江传统农产品销往其他区域及海外，更重要的是围绕港口及港口城市聚集了一批现代临港工业。宁波最早的现代工业是曾作为李鸿章幕僚的严信厚于1887年创办的通久源轧花厂。该公司于1891年建成投产，主要生产棉纺品，是中国第一家机器轧花厂。1894年，严信厚又集资创办通久源纱厂。1897年、1898年，在市场需求刺激下，通久源纱厂的纱锭增至17048锭，织机226架，资本90万元，日产棉纱约90担。到1905年，该厂年产棉纱已经达到3.8万担，其中大部分在本地销售。通久源纱厂与杭州通益公纱厂、萧山通惠公纱厂并称"三通"，是当时浙江规模最大、设备最先进、在社会上最有影响的三家近代民族资本主义企业。1917年因火灾通久源工厂全毁。第二年，通久源纱厂用地被出售给和丰纱厂。和丰纱厂于1905年在宁波江东筹建，创办人主要是戴瑞卿、顾元琛等人。由于选用英国机械，并聘请了日本技师，其无论在资本还是规模上都远超通久源纱厂。1906年，和丰纱厂建成后投产，在原料充足的情况下每月可产纱1万包。通久源纱厂的原料主要来自宁波余姚所产棉花，产品主要在本省与南方各省销售。值得注意的是，和丰纱厂有铁轨直通江边码头，并配有锅炉、引擎的设备，其下属发电厂所出电力不仅足够3万枚纱锭所用，还于1909年开始向江北岸供电。与通久源纱厂相比，和丰纱厂充分利用了濒临港口的巨大优势，拓展产品的销售市场，以技术为后盾，以港口为支撑，合理配置了区域资源。正是基于此，尽管因宁波棉花颗粒无收，和丰纱厂曾于1911年被迫关闭，其后又经历第一次世界大战与抵制日货，但和丰纱厂的生产一直没有间断。1916年，和丰纱厂资本由60万元增加到90万元。1919年的纯利润超过125万元，工厂雇佣工人达到2500人。相比农村种田收入，和丰纱厂的工资吸引了大量城市及农村剩余劳动力。

除纱厂外，民国初期宁波还新建了很多其他工厂。正大火柴厂建于1907年，期间经过停产于1913年复兴，其后又经历第一次世界大战和抵制日货运动再次停产，但其后复工，每天开工10小时，生产火柴50罗，装30大箱。民醒金刚纱布公司创建于1917年11月，资金6万元。粹成伞厂创办于1919年，资本2万元，月产西式伞3600把。翔熊编席厂由史翔熊创建于1916年，工厂雇佣女工约250人，男工70人。与翔熊编席厂产品相同的通利工厂则建于1921年。美球丰记袜厂开办于1920年，生产棉、毛套衫、背心、手套、围巾等物品。除此之外，宁波市区还建有五家生产烛、皂的工厂，各有资本1万元，每年平均合并产量为烛3万箱，洗衣皂4万箱，全部在本地销售。另有13家袜厂，其中大纶袜厂最为有名，于1916年开业，资本1万元，装备织机140台，女工操作，日产70打双袜子。其他新建工厂有大成毛巾厂、华隆棉毯厂和振华护踝带厂。除宁波市外，镇海有两家织布厂：公益织布厂和镇益织布厂，前者建于晚清民初，后者建于1916年。两家开办资金均为3万元，装备木制布机分别为250台和200台。余姚建有华明草席厂，该厂为1920年开办，专门仿制日本床席和坐垫套。慈溪有大成袜厂，该厂创立于1919年，生产资金1万元，拥有织机20台，其中5台为电动，月生产1200打双袜子。舟山定海有渭利工厂，该厂专门利用海贝壳制造螺钿纽扣。除此之外，值得注意的是，宁波地区的电气化程度相比其他地区而言走在前列。1909年，顾元琛等筹资8.28万银圆创办和丰电灯公司，开始向宁波和孔浦供电，1915年，该厂重组为永耀电灯公司，安装新电机，总计资本13万银圆，装机总容量50千瓦。另外，镇海、定海、海门、慈溪、余姚和黄岩都有电灯公司，与电力工业相配套。民国时期，宁波共有灯泡制造厂18家，电池厂6家。1913年，宁波电话公司成立，1920年改组为四明电话公司。整个民国时期，宁波民族工业有很大发展，其门类涵盖纺织、食品、制造及传统手工业，这些产业主要集中在宁波的鄞县、余姚、奉化和慈溪。

温州港自开埠口就有商家创办近代工业。1893年，在温州经营茶叶的商人为了改变本地茶叶要去外地加工的局面，便在温州郊区创办了一家拥有300名女工的茶厂。其后，随着温州茶叶出口贸易的发展，本地区的茶叶生产厂家增加到1919年的9家，其中8家由中国茶商经营，每家雇佣女工约300人，男工100余人。为本地提供就业机会的工业主要是编席，其中两家大厂，名为振兴席厂和中一席厂，其产品主要出口上海和南京。温州的首家肥皂厂设立于1903年。其后，在1913年、1915年和1917年，温州口岸又先后创办了3家肥皂厂。温州真正的蒸汽工业代表是1911年建立的一家锯板厂，其规模不大，每天锯木板100丈。1923年，温州永嘉先后成立了两家棉纺织厂，均为合资。其中鹿城染织布厂资本5万元，有铁轮机10台，木机120台；瓯江染织布厂资本1万元，有铁轮机8台，木机100台。其后，温州还新建了广明、振业、西门泰布厂3家棉纺织厂。1925年，温州永嘉创办公益玻璃厂，资本0.1万元。1922年和1926年，温州先后成立两家罐头食品厂，厦门淘化大同公司温州分厂和百好炼乳厂。前者资本额6万，主要生产猪脚、青豆和鸡鸭罐头；后者资本额24万，主要生产"白日擒雕"牌炼乳罐头。温州机器工业的发端是1911年李毓蒙等人创办的毓蒙铁厂。该厂设在瑞安，1919年在温州设立分厂，主要生产弹花机、锯板机、碾米机等。为供应工厂及居民用电，温州在1914年就由宁波商人王香谷等筹资创办了普华兴记电气公司，资本3万元。1902年，清政府在温州建立电报局，以便商人及时掌握船期和外地市场情况。1919年，杨雨农筹资兴办东瓯电话公司，大大便利了市内的通讯。相比上海、宁波而言，温州的新式企业基本为独资和合伙，还没有大规模的公司和垄断型企业。港口贸易的发展对温州临港经济的促动远没有宁波明显。尽管如此，温州的工业发展在港口经济的推动下还是远快于其他远离港口的内陆地区。

1937年7月7日抗战全面爆发后，上海、杭州先后沦陷，宁波港成为江南地区主要的对外贸易港口。浙江与外部市场的广泛联系因日军侵华而严重扭曲，商品流转的正常渠道被阻造就了战时宁波海洋贸易的畸形繁荣。这种繁荣的转运贸易使得受世界经济危机影响的宁波经济出现复苏并日趋好转。战前,受世界经济危机拖累,宁波药行业倒闭2/3,棉花月销售量由18万匹减少到9万匹。战时,宁波成为内地各省物资转运口岸后,首先繁荣的是各种批发商号及相关服务业。战时专代客商报关、纳税的报关行,以及为货主提供运输方便的转运行,由战前的10多家猛增至100多家。而旅店、茶馆、酒楼这类服务业也因为聚集的人群而生意兴隆。此外,众多独立的行贩也利用差价进行商品贩卖,将港口货物分散销售以获取利润。除商业外,宁波本地的工业企业也受惠于港口的繁荣。以宁波的和丰纱厂为例,其纱锭增至2.6万锭,1937年获利达120万元。大昌布业在战时添新股,扩大厂房,增加电动布机20台。另有新办小型布厂100多家。这一时期,美球针织厂日夜开工,现产现销。华美袜厂也购买5间房,用于扩大厂房。其他如卷烟、肥皂、火柴、毛巾等日用品的生产和销量都得到大幅度的增长。不过,战争也使得宁波港许多行业出现衰落,如电业、机械修造业、印染业、花麻叶、草席业、粮食业、木材业、木器业、药材业、南货业、牛骨业和铜锡业等。宁波沦陷后,浙江海洋贸易受到沉重打击。但由于温州所处的位置较为偏僻,交通不便,战火尚未波及。因此,其日常的农工商各业仍是一片繁荣景象。随着海运的繁荣和战时陆路交通的便利,温州港的经济腹地及商品流通渠道逐渐扩大,而这些都加速了温州近代工商业和临港经济的发展。与宁波港类似,温州港海洋贸易的畸形繁荣首先受惠的是负责办理外轮运输业务的代理行与转运行,分别有五六十家和一百余家。市区商店数量也有显著增加,大小商店达到3500余家,其中棉布和百货的批发商号就有50余家。而在商业刺激下,温州的工业也有显著发展。抗战初期,温州仅开办的工厂就有200余家,其中规模较大的有40余家。以棉纺织业为例,温州的棉布厂由战前的9家增加到33家,织布机器由战前的500多台增加到1700多台,工人也由1000人增加到3000多人。另外,制革企业也由战前的10家发展到40多家,制皂企业由5

家发展到13家。工商业的发展带动了金融业的繁荣。当时温州的银行除中国银行等6家外，还增加了中央银行等分支机构5家。钱庄也由战前的13家增加到30多家。

第 六 章

浙江海洋贸易与航运

在海洋经济体系中，海洋贸易本身并不生产商品，只是拓展已有产品的销售范围。如果说海洋渔业、海洋盐业及临港产业属于纯粹的海洋经济产业，那么海洋贸易中所交易的商品并不局限于海洋产业所生产的产品，还包括港口所在经济腹地及辐射区域的商品。通过海洋贸易航线，港口及周边内陆区域的产品可以销售到国际市场，可以大大刺激国内相关产业发展，推动经济增长。从这方面来讲，海洋贸易线路及商品价值的增加，可以间接表明该区域的经济发展水平。作为对外贸易的重要港口，浙江及江南区域经济发展在海洋贸易带动下成为古代及近代中国经济最繁荣的区域。通过海洋贸易，内陆经济与海洋经济成为密不可分的整体，海洋贸易的顺利开展不仅有利于沿海社会安定和海洋经济发展，更有利于经济腹地的社会经济繁荣。从这个角度看，这也是尽管古代有严格的海禁政策，但地方的海上走私贸易仍屡禁不止的原因所在。无论是古代还是近现代，谁掌握了海洋贸易的主动权，谁就掌握了海洋航线周边的市场，谁就能更加快速地增加资本积累，以推动经济的高速发展。历史时期的海洋强国之所以能快速崛起都是源于其能通过对海洋航线的控制权，进而主导周边市场，为国内商品销售增加更多的市场。浙江沿海是以宁波港、海门港和温州港为节点展开海洋贸易的。

古代浙江海洋贸易与航线

海洋贸易是随着区域海洋经济发展到一定程度产生对外贸易的需求之后才逐渐产生并发展的，浙江沿海宁波、温州和台州区域的经济发展与繁荣在海洋贸易发展上呈现先后顺序。宁波是浙江沿海最早展开海洋贸易的区域。先秦时期，宁波属越国。目前所知宁波历史上建造最早的城邑句章是越国的通海门户，也是中国东海岸线的一座古老港城。考古确认句章故城的位置在今宁波市江北区慈城镇王家坝村与乍山翻水站一带。句章位于余姚江边，溯甬江可至海口，另外宁波东距离舟山群岛较近，可以舟山为中继站出外海。秦朝建立后，宁波通往北方的海上道路为沿东海、黄海北达山东、辽东半岛。句章为会稽主要出海口，与山东、辽东半岛之间的航路畅通。秦汉时期，宁波的南向线路也已开通。句章与东冶之间的线路畅通，而东冶与交趾有往来，因此在汉武帝时期，句章的南线至少已能到达南洋交趾一带。会稽下辖县不少，而海外居民前来交易，必然以沿海的鄞、鄮和句章为贸易场所。宁波本地汉墓出土了许多只能从海外输入的贵重物品，如鄞州区高钱乡钱大山东汉墓出土的水晶、玛瑙、琉璃等。宁波出土的堆塑罐上塑有胡人形象，且有胡人形象的文物分布，沿海多、内陆少，考古发掘文物证明，宁波当时的海外贸易已经发展起来，并且已经开始进入普通民众的生活中。六朝时期，会稽下属鄞、鄮、句章、余姚县凭借优越的地理位置，内接人工开凿参与沟通的浙东运河，外联外海，构成便捷经济的水运网络，加强本地与全国各地的交流和沟通，有利于外贸的发展。濒海的鄮县，交通便利，是南北贸易的中转站。鄞州上庄山西晋墓葬中出土的小件玛瑙和玻璃坠饰证实宁波南海航线的近海贸易是存在的。而20世纪六七十年代以来在日本发现的三角缘神兽镜，或为吴地工匠东渡日本铸造，或为吴地铸造通过贸易贩至日本，这都印证了宁波东向航线的存在。而同时期的温州和台州仍处于区域经济的发展阶段，海洋贸易还没有大规模展开。

一、唐宋时期浙江海洋贸易的发展

唐宋时期，浙江沿海港口的海洋贸易逐渐展开，特别是对日本和朝鲜的贸易已经非常成熟。历史文献中均有宁波、温州和台州港口与日本和朝鲜的海洋贸易记录。隋唐时期，浙江海洋贸易航线已经非常清晰，瓷器和丝绸成为重要的对外贸易产品，其中对日本贸易已经出现官方贸易与私人贸易的划分。到宋代，造船与航海技术的提升，使得中国的海洋贸易繁荣起来，日益增长的海洋贸易额不仅提高了政府的收入，还有力地推动了区域经济发展和对周边国家的影响。特别是南宋时期，宁波等沿海城市的对外贸易有力支撑了国家的财政收入和经济与社会稳定。而市舶司、朝贡贸易和制定贸易港口等政策的雏形在宋代逐渐出现。浙江对日本、朝鲜及东南亚的贸易规模变得更加庞大。

（一）唐代浙江的海洋贸易与航线

明州在初唐以前的北路航线都是沿着海岸线北上，通过山东半岛、辽东半岛到达朝鲜半岛的。《韩国通史》也有记载，两国贸易的交通线路有两条，其中一条是从西南海灵岩郡出发，经黑山岛横渡黄海到达定海县。从这些地方登岸后，再通过水路和陆路北上，直抵唐朝首都长安。新罗政府为发展与中国的外贸，于公元828年设置清海镇（今全罗南道莞岛）。今莞岛清海镇港遗址出土的贸易瓷器，以碗、罐为大宗，施青黄釉，其中迭烧的松子状支烧印痕颇具特征，表明该批制品大多生产于明州慈溪上林湖。贸易瓷器的出土成为两国悠久贸易历史的佐证。

从明州港出发去日本，横渡东海，到日本的值嘉岛，再进入博多津，是唐五代明州与国外贸易的主要航线。此时明州与日本间渡海，已有足够的航海技术支撑，从明州到日本，利用西南风，从日本到明州，则利用东北风。渡海时间，少则三日，即使遇到顺风忽止的情况，船队亦能抛锚待风，多则七日也可达对岸。双方贸易形式可分为遣唐使相关礼仪形式的官方贸易和民间贸易两种。其中民间贸易在日本仁明朝承和五年（838）最后一次派遣遣唐使后，由唐舶来往延续并发展起来。从文宗开成四年（839）到唐朝灭亡（907）的七十年间内，张支信、李邻德、李延孝、李达、詹景全、钦良晖等中国商人在中日之间往来不绝，循着明州至博多的南路航线，经营贸易。有史书记载的就达三十余次，未入史籍的，次数应该更多。中国商船到达日本，货物品种似乎以经卷、佛像、佛画、佛具、文集、诗集、药品、香料之类为主。中国商人入住鸿胪馆，在大宰府的规范下与官吏交易砂金、水银、锡、绵、绢等物品。在官方交易未完成之前，日本政府不允许与中国商人私自交易，但在实际操作中，船一到，公卿、大臣、富豪等便争先派遣使者来到码头，抢购珍贵的舶来品。可见中国商品的受欢迎程度。根据近年日本出土的唐五代明州文物，可以推断，越窑青瓷是当时中日贸易的大宗。日本出土的越窑青瓷中，以碗为主，其次是盒、壶、水注、盒子、唾盂、托盏。很多制品表现出较为明显的上林湖窑的工艺特征，见证了唐五代时期明州与日本的繁荣贸易。

明州与朝鲜半岛的交往也非常密切。进入半岛的商品有通过使者入唐、官方馈赠获得的，也有作为民间贸易的商品流入的。大唐时期，输出的主要有丝绸、药材、书籍、工艺品、瓷器等。半岛各地均有越窑青瓷出土。百济地区的益山弥勒寺和新罗地区的庆州皇龙寺两遗址出土的越窑遗物最丰富，重要的遗址还有庆州的拜里、雁鸭池，锦江南岸的扶余，全罗南道的清海镇。瓷器主要是璧底碗，另有执壶、双耳罐等。五代时期明州所属吴越与高丽交往密切，高丽进口了大量明州的越窑青瓷。五代以后，越窑青瓷的烧制技术东传朝鲜，使其烧制出具有本国特色的高丽青瓷。

唐代温州港已经成为中国沿海的贸易港口之一，国内海上交通贸易已经有了一定的发展。同时也逐渐兴起对周边国家的海洋贸易。唐代中日民间贸易兴盛的时候，温州和日本的贸易往来也是非常频繁的。日本仁明天皇承和九年（842），中国商人李处人在日本值嘉岛（现在五岛列岛和平户岛的旧名）花了3个月时间，用楠木建造海船一艘，于八月二十四日出发，二十九日抵达温州，进行海洋贸易。温州和日本商船往来频繁，一些日本的高僧也顺便搭乘商船前来温州，然后再去其他寺院访问。如日本名僧惠运（慧运）即于仁明天皇承和九年乘坐李处人的商船前来温州，然后再去巡拜五台山圣迹。同样的背景下，台州与日本的海洋贸易在这一阶段也逐渐增多。如唐僖宗乾符四年（877），商人崔铎等63人于六月一日，从临海港出发航行日本，于七月二十五日到达日本的筑前，其中日本商人多治安江带去很多香药等货物。

唐代，明州港与南洋诸国直接贸易的文献不见史籍。在考古发现中，在福建靠近泉州的永春县、建瓯市，广东连州龙口村、阳山县滩白浪等地先后发现越窑青瓷，再结合南海航线沿线东南亚、马六甲海峡、印度、波斯湾、北非埃及等地出土的明州越窑青瓷，可以知道唐代明州应是通过泉州、广州等南方城市与南海航线相连，完成与西洋诸国之间的贸易的。除越窑青瓷外，同时外销的瓷器还有长沙铜官窑瓷器。在朝鲜半岛、日本列岛、中国南海与西域的巴基斯坦、伊拉克等地都发现了以越窑青瓷碗为盖、与长沙窑罐组合使用的文物。1973年，在宁波和义路唐代遗址中出土了800多件瓷器，其中唐代出土瓷器中的80%是越窑青瓷，20%是长沙窑瓷器，两种瓷器同时出现在码头遗址中，可见是准备同时外运的。而明州是唐五代时期最重要的与朝鲜、日本贸易的港口，说明明州港在对外贸易中不仅输出本地产品，也参与转运商品。长沙窑转运的路线为，沿湘江顺水而下经岳州，通过洞庭湖水系到达武昌，然后沿长江顺水而下抵达扬州，再由扬州中转到明州，运往海外各地。明州港通过水路沟通广大内河腹地，是其外贸得以繁荣的原因之一。

（二）两宋时期浙江海洋贸易与航线

两宋时期，明州最主要的外贸国是高丽和日本。明州商船去往高丽的线路在北宋熙宁以前多走北路。明州船只沿海岸北上至山东密州的板桥镇，因宋辽敌对不再北上，直接渡黄海到达高丽。熙宁七年（1074）以后，北路被辽国阻碍，明州船只从镇海出发，横跨东海、黄海，途径黑山岛，沿朝鲜半岛南端西岸北上，到达礼成江口。应高丽使臣的请求，北宋接纳使臣登陆的港口也从登州改为明州，使臣沿浙东运河至杭州，走江淮运河到洪泽湖，经淮南东路的泗州转汴河，直达京城开封。南宋时期，从明州登陆的商船离都城临安更近，便利的交通更巩固了明州在宋丽交往中的地位。明州去日本的航线，与唐五代线路差不多，商船从明州出发，横渡东海，到达日本肥前值嘉岛，然后再转航到筑前的博多，航船一般都是搭乘六七十人的小型帆船。由于两宋政府大力提倡海外贸易，到南宋时期，明州与南洋阇婆、真里富、暹罗、勃泥等地来往频繁。明州南行航线与唐五代时相仿，商船经沿海到达泉州、福州或广州，在广州换船将货物转运至南洋，也有船只经广州直航南洋。

北宋前期，尤其是明州被规定为通往高丽、日本贸易的指定口岸之后，出于国家安全的考虑，朝廷曾一度实行对高丽交往的商禁政策。元丰三年（1080），神宗规定"非明州市舶司，而发日本、高丽者，以违制论"。明州成为发船高丽的合法港口，商禁的政策也在放宽，由宋商主导的民间宋丽贸易繁荣。元丰三年以后，宋丽贸易的商队大多从明州进出。明州外地的商人均至明州办理发"引"，而高丽想去泉州、广州等地经商的商人也取道明州。宝元元年（1038），明州商人陈亮和台州商人陈维绩等147人去高丽经商，商队规模近150人。记入史册的商队规模已不算小，实际规模可能会更大。民间贸易的实际使用者为两国普通国民，因此其进出口货物种类与官方贸易有很大不同，以实用型生活用品、手工艺品及普通土特产为主。从高丽输入的商品分粗色和细色，以其国生产的土特产为主。其中青器（高丽青瓷）的大量输入，反映出越窑青瓷烧造技术传播到朝鲜半岛后对高丽本国手工业水平的提高有促进作用。现代宁波城市考古中出土的大量高丽青瓷印证着这一史实。明州输出高丽的商品一部分为中国本国出产的物品，如茶叶、丝织品是大宗，另一部分为从东南亚、南亚等地转运过来的物品如香料、犀角、象牙等。由商人承担的民间贸易，实现了物资的交换，搭建了文化交流、互通有无的桥梁。明州作为双方关系维系的城市纽带，确实也起到不可磨灭的作用。

　　北宋时期，日本藤原时期的公卿政治实行闭关锁国政策，不准日本居民到外国贸易，但并不禁止宋商到日本贸易，因此往来于中日间的商船均属于宋商。如明州商人孙忠先后6次来往于明州与日本，甚至曾侨居日本经商5年（1073—1078）。南宋时期，源氏与平氏的武家政治执政，一改闭关政策，大力鼓励海外贸易，日中航线上逐渐出现日船的身影，每年夏汛，日本人冒着海难的风险，乘坐船只带着商品往来中国和日本售卖。1195年之后，明州成为中日交通贸易的唯一港口，日本商船更加频繁地穿梭于明州与日本之间。宋代，日本输入明州的贸易品分细色和粗色，细色有金子、砂金、珠子、药珠、水银、鹿茸、茯苓，粗色有硫磺、螺头、合蕈、松板、杉板、罗板等。宋代从日本输入黄金，实为日本产黄金价格较低而宋代黄金价格较高的缘故。明州在南宋后期每年对黄金的抽博所得约二三万贯，日商为躲避高额抽解，将黄金藏匿起来，私自交易，成为漏舶之金。明州还从日本大量输入木材，荣西助天童寺修建千佛阁、重源助阿育王寺修建舍利殿、湛海助白莲教寺修复门廊殿阁等均使用日本的木材。硫磺作为一种常见药物，又是火药配方，宋廷非常重视硫磺的输入，明州地方政府甚至还要求主动收购硫磺。庆元知府吴潜也说，日本商人每年来进行大量贸易，只有木板和硫磺实在是对国家大计起到了很大的帮助。日本的美术工艺品制作精巧，如莳绘、螺钿、水晶细工、刀剑、扇子等大量输入，很受宋人的欢迎。宋朝输出日本的贸易品主要是铜钱、银锭、丝织品、瓷器、香药、书籍、文具、漆等。宋朝钱币大量流入日本，被日本作为本国钱币流通。宋代输出日本的瓷器有越窑青瓷和白瓷，"李充公凭"中记载有瓷碗、瓷碟达三百床。博多港遗址也出土了大量的瓷器。输出日本的沉香、麝香、丁子、衣比、甘松、龙脑等香料和金益丹、银益丹、巴豆、雄黄、槟榔子等药材，有中国产的，绝大多数是明州从中国南海输入再转运到日本的。明州特产"唐席"（或明席）也输出日本。

北宋元丰八年（1085），政府规定只能由杭、明、广州发南海船舶，明确明州与杭州、广州一样，是通往南海航线的正式出海口之一。两宋时期，明州积极向东南亚、西亚地区拓展，与这些地区建立起持久的贸易关系。东南亚地区的阇婆（印尼爪哇）、占城（越南）、暹罗（泰国）、勃泥（加里曼丹）、麻逸（菲律宾）、三佛齐（苏门答腊）、西亚波斯（伊朗）等国与明州有贸易往来或互遣贡使。正史中记载的明州最为知名的南洋来使是淳化三年（992）十二月的阇婆使者，朝贡使者大约航行60日到达明州定海县。使臣带阇婆本地的象牙、珍珠、绣花销金及绣丝绞、玳瑁、龙脑等珍贵土特产进贡，当使臣回国的时候，宋廷回赠了丰厚的金币、良马装备等。除了在贡赐名义下的官方贸易之外，还有不少民间商人之间的交易往来。有波斯商人长驻明州，建立自己的活动据点，甚至带来自身的信仰文化，宋咸平年间在舶务边的狮子桥以北建造了"清真寺"，东渡门内波斯巷由此得名，其地名遗存是明州与波斯友好往来的见证。从东南亚和西亚输入明州的物品，主要是香料，另外还有药材、木材、水果、矿石等特产。从明州输出的货物，主要是瓷器和丝织品，另外还有金银铜铁等金属制品。在东南亚、西亚甚至非洲地区，均有宋越窑青瓷和景德镇青白瓷的考古发现。明州作为越窑青瓷的主要产地，从唐代以来就是越窑青瓷的出口大港。而景德镇青白瓷，通过昌江、鄱阳湖到长江入海至明州，由明州再远销海外。东南亚地区的菲律宾、印度尼西亚、马来西亚，南亚的巴基斯坦，北非的埃及、苏丹，东非的肯尼亚等地均有广大的景瓷市场。而明州在景瓷及其他国内特产的外销中起着不可或缺的转运作用。

两宋时期，温州和台州的海洋贸易也发展起来，不过在国家海洋政策的制约下，这两地的海洋贸易均需通过宁波进行中转。如仁宗天圣九年（1031），台州商人陈惟中等64人出明州港赴高丽贸易。仁宗宝元元年（1038），又有台州商人陈惟积与明州商人陈亮等147人出明州港到高丽。

温州上解的公粮，都是取道海上运往明州，然后再转运北上。温州对外出口的货物有漆器、茶叶、柑橘、丝织品、蠲纸、瓷器、木材等，也大多是通过温州港口运往明州，然后转运北方各地。瓯江上游一带所生产的木材，源源不断地从温州港出口运往各地，供造船和建筑之用。同时，南货、药材等商品则通过海运输入温州。温州销往国外的瓷器和漆器则先运往明州和泉州等地，然后转销国外。南宋时期，在海洋贸易繁荣的情况下，温州许多商人都长期从事海上经商活动，如南宋温州巨商张愿，世代为海商，往来中国与海外数十年。另外，温州从事海上贸易的巨商大都自备船只，有较大的经营规模。

二、元明清时期浙江海洋贸易与航线的繁荣

元代以降，中国除了北方游牧民族侵袭外，东南沿海也面临威胁。据此，海禁政策、朝贡贸易和制定贸易港口的海洋政策逐步完善。浙江的海洋贸易受国家政策的影响和海洋威胁的程度而发生变化，宁波逐渐成为唯一合法从事海洋贸易的浙江沿海港口。元朝与日本的战争关系使得宁波对日本贸易几乎停滞，这一局面直到明朝初期才有所改善。在朝贡贸易体系下，中日贸易成为单方面的日本朝贡贸易，宁波成为指定的贸易港口。此后，尽管私人海上贸易崛起，但中国商人已经无法垄断和控制宁波与日本的私人海上贸易。明朝中后期和清代，严格的海禁政策使宁波失去了直接从事海洋贸易的资格。在此情况下，宁波的近海转口贸易逐渐兴盛起来，并逐渐成为中国南北货物的中转站。

（一）元明时期浙江的海洋贸易与航线

元代，庆元进口舶货的种类相较于南宋时期多出了60余种。据此可推断元代庆元的海外贸易规模在南宋的基础上有了更进一步的发展。就庆元海外贸易的主要对象而言，仍旧是东亚的日本与高丽。元代庆元港的海洋贸易航线基本与前代一致。庆元与日本博多之间的航线，仍旧以横渡东海为主要航线，航行天数在十天左右。庆元与朝鲜半岛之间的航线，承继北宋时期的路线，由庆元出港沿海岸线北行，经黑山岛至朝鲜半岛西岸礼成江江口，航行天数五到十天。通过文献和新安沉船的考古发现可知，元代还存在着一条庆元与博多之间绕道高丽的航线，日本出于与高丽贸易的需要，商人在回国时，先从庆元出港抵达高丽，再沿高丽西南海岸线南下，穿过高丽南端的济州海峡，东行至对马、壹岐，到达博多。至于庆元的南方国际航线，根据文献记载的进口货物种类可以推断其线路仍旧远达非洲海岸。

元代庆元通过海洋贸易进口的货物种类繁多，较前代有较大的增长，生产、生活用品明显增多，海外贸易越来越贴近人民的日常生活，产生了深远的影响。庆元出口的货物主要是铜钱、瓷器、药材、茶叶、香料和金属用器等。1975年发现的韩国新安沉船，据考证是自庆元起航驶往日本博多，在韩国新安郡附近海域沉没的，打捞上来的遗物反映了元代庆元输出货物的大致种类。元成宗时有记载，真腊（柬埔寨）的居民在地上铺的是明州出产的草席。元代庆元本地的土特产、手工业品大量输出，进入国外的寻常百姓家，而南方、东南亚产的香料、紫檀木等商品也通过庆元中转运往东亚，庆元在其中起到货物转运的作用。

元代政府仍旧限制温州和台州直接从事海洋贸易。台州的海洋贸易主要以国内近海中转贸易为主。主要活动除了海上漕粮运输外，更多的是由福建商人经营的海上贸易。当时福建商人聚集在台州的葭芷埠，以贩运南北杂货为主。另外，元代政府虽然限制温州与其他国家的直接海洋贸易，但并未阻止其他国家船只来温州进行贸易。如元惠宗至元五年（1339），有一艘日本商船驶来温州经商。此外，元政府也派遣政府使团从温州出海访问。元贞二年（1296），出使真腊（今柬埔寨）的使团就是从温州乘船出海的。

明朝初期，因中日关系的紧张使得宁波对日本贸易直到永乐年间才最终确定下来。明朝朝贡贸易与海禁政策的实施，使得宁波成为专通日本的港口。在明朝前中期，宁波的海洋贸易为政府控制的日本单方面来华朝贡贸易。日本勘合贸易船前期多从兵库出发，经过濑户内海，在博多暂停，或直接从博多出发，开到肥前的五岛一带，等候时机，横渡东中国海，直驶宁波。从五岛至宁波，据记载隔着海洋大概四千里，如果遇到东北顺风，五天五夜就可以到达普陀山。如果没有遇到顺风，差不多也就半个月。这条航路从日本奈良、平安时代，即中国唐代已经开辟，往来十分便捷，日本俗称"中国路"。整个勘合贸易的前期中期走的都是这条航路。应仁之乱后，为了避开大内氏控制的"中国"地区，细川氏另行开辟以自己控制的堺港为起点，经过四国岛南部，绕九州岛至萨摩的坊津暂停，尔后横断东海前往宁波的新航路，即日本文献所称的"南海路"。此航路因航程远、航期长、费用大而很少采用。贡使团从兵库或堺港出发的时间多在每年二三月间，经五岛或坊津暂停，驶达宁波一般在五月前后，进入北京则要到十月、十一月左右，在那里过年后才开始返回宁波等待初夏的西南季风，一般多在五月左右从宁波起航返日。这样，日本勘合贸易船队完成一次往返，正常的话需费时一年半左右。

从勘合贸易的物品种类来看，日本向中国输出的货物以刀剑、硫磺、铜、折扇、苏木、屏风、描金物、砚台等为主。其中刀剑最为重要，据木宫泰彦估算，从宣德八年（1433）到嘉靖二十七年（1548），日本前后11次经宁波向中国输出的刀剑总数不下20万把，其中成化二十年（1484）子璞周玮使团一次即携来3.7万多把，平均每船1.2万多把。其次为硫磺、铜。中国经由宁波输出日本的货物主要有铜钱、白丝、丝绸、丝棉、书籍、字画以及棉布、瓷器、铁器、漆器、草席、水银、药材、脂粉等。其中以铜钱而言，仅吸纳20万把刀剑一项，即须支出铜钱4000万贯左右，这对日本国内的钱币流通和经济发展，势必产生很大影响。

尽管宁波为专通日本的港口，但不少东南亚和南洋国家的贡使抄近路从浙江沿海港口入境，使臣和随行人员除贡品之外，将大量所携的香料、苏木、胡椒、宝石等就地或在赴京沿途与中国商人交易。明人张邦奇也曾说过，宁波虽为海岸孤绝处，但高丽、日本、暹罗诸蕃航海朝贡者，都在此登陆朝贡。

明代中期，随着朝贡贸易弊端的日渐显露和私人海上贸易的崛起，特别是葡萄牙人逐步在宁波双屿港建立私人海上贸易基地后，宁波的走私贸易逐渐兴盛起来，并逐渐取代朝贡贸易成为宁波海洋贸易的主要形式。经过葡萄牙和中国海商二十年经营，双屿港迅速崛起，成为中外瞩目的国际商埠。从地域来看，来双屿贸易的有葡萄牙、暹罗、彭亨、阇婆、真里富、占城、琉球等国和日本诸岛的商人。他们常年于南风汛发时，装载着胡椒、苏木、象牙、香料、火器和刀剑、倭扇、黄铜、银锭等物品，前来宁波双屿港内停泊。当北风汛发时，他们又满载购得的丝绵、绸缎、瓷器、药材等物返航。麇集双屿的中国私商，来自广东、福建、安徽、江苏和浙江宁波、温州、台州、绍兴、杭州等广大区域。

但违反中国法律的走私贸易注定无法长久，双屿走私贸易港随后被政府军队捣毁。在严厉的海禁政策下及禁止对日贸易后，宁波已经失去了直接从事海洋贸易的资格。尽管宁波的对外贸易在明代中后期由于政策受到沉重打击，但优越的地理位置使得它很快成为中国南北货物海运中转枢纽。宁波将专门经营东南沿海和岭南地区贸易运输的商业船帮称为"南帮"或"南号"。他们运来木材、铁、铜、麻布、染料、药材、纸、糖、干果、香料和杂货，把来自长江中下游的丝绸、棉花、纺织品、陶瓷、海货等运往南方诸港。而被宁波称为"北帮"或"北号"的北方商业船帮则专门经营长江以北各港口的贸易运输。他们从北方运来大豆、豆饼、牛骨、猪油、药材、染料、干鱼、干果，从宁波运出大米、糖、药材、棉织品、纸、竹、木材和杂货。

明朝时期，由于海禁政策和倭寇问题的影响，温州和台州的海洋贸易基本以官方主导的沿海中转贸易为主，其运输货物主要是军粮和食盐。如洪武元年（1368），明政府命令温州等沿海卫所，建造大船百余艘，参加粮运。万历初，临海人王宗沐负责试办海运漕粮，台州卫分派到海船20艘，由卫所旗军领运，每船旗军9人，由漕运司雇佣熟悉海运者3人。明代海门港的国内沿海贸易主要在闽浙沿海之间。嘉靖十九年（1540）前，台州船只往福建贸易，也有往广东和苏杭的。之后往福建、温州贸易的增多。福建商人来海门港贸易仍聚集在葭芷埠，如福建惠安崇武千户所商人就往来于海门港与崇武之间，装载茹、椰、米谷、苎麻等物。当时木帆船在闽浙沿海航行，都是靠着海岸线行驶的。

（二）清朝时期浙江海洋贸易与航线

清朝初期严格的海禁政策，直到康熙二十三年（1684）才逐渐松动。整个清代，浙江的海洋贸易对象主要是日本。自1688年日本幕府决定将中国航日商船限定为70艘后，第二年宁波船就超过福建船，位列对日贸易船只数量的第 1 位。自 1695 年起，浙江航日商船也开始超过福建，并一直保持领先地位，其中 90% 为从宁波和普陀山出发的商船。仅以宁波和福州两港相比，据 1689—1722 年的统计数据，航日福州船为 97 艘，宁波船为 346 艘，是福州船的 3.6 倍，若加上普陀山船则为 390 艘，是福州船的 4 倍。在此情势下，相当一部分闽商转向浙江等地发展。到步入近代门槛前夕的 1830 年，对日贸易仅限浙江宁波一地，而且船只限于 10 艘。

除直接对日贸易外，宁波也是东海、南海沿岸贸易圈中最为重要的中转港，而日本长崎则是这个贸易圈中位于最北端的港口。无论是福建、广东的商船还是东南亚地区的商船，在往返长崎的途中，往往要在宁波港停泊，购入利润高的丝货。长崎县立图书馆至今仍藏有一册珍贵的《唐船夏冬航线绘图》，此图约绘于天保九、十年间（1838—1839），其中最重要的是一幅乍浦、宁波和普陀山至日本的水路图，具体记录了由乍浦至金山、马迹山、镇海关、普陀山、乌拉山、汉洋大山、五岛、吸山、美人马、长崎等处的距离。

清代宁波输往日本的商品主要有两类：一是浙江本地乃至江南地区所产物品，由宁波船和经宁波中转的奥船、中奥船输往长崎；二是福建、广东和南海诸国所产物品，由该地商船运至宁波，或由宁波船直接去产地购入然后运往长崎。第一类商品主要为：白丝、绉绸、绫子、纱绫、南京缎子、锦、金丝布、葛布、毛毡、绵、罗、南京绢、茶、纸、竹纸、扇子、笔墨、砚石、瓷器、茶碗、药、漆、胭脂、方竹、冬笋、南枣、黄精、芡实、竹鸡、附子、药种、细用器、红花木犀、铁器、书籍、古画。第二类商品种类繁多，不胜枚举。如康熙二十八年（1689）有一艘宁波船先往广南购入当地所产的鲛皮、沉香、药物、鹿皮等货，然后经普陀山停泊，添载丝织品后，于翌年正月以 14 号广南船驶抵长崎。此外，宁波船从本港起航时一般多以福建、广东所产的蔗糖作为压舱货。以康熙三十六年

（1697）从宁波港起航赴日，船主为刘上卿的商船为例，其船上所载货物包括：白丝47包（每包65斤，计3055斤），大花绸1050匹、中花绸930匹、小花绸1600匹、大红绉纱61匹、大纱890匹、中纱1001匹、小纱2540匹、色绸56匹、东京丝116斤、东京缂402匹、大卷绫610匹、东京绸200匹、中卷绫705匹、素绸1310匹、绵400斤、色锻200匹、中卷绫705匹、素绸1310匹、绵400斤、色锻200匹、金锻32匹、嘉锦90匹、杭罗350匹、大宋锦13匹、西绫300匹、花纱211匹、轻罗100匹、红毡6110匹，蓝毡310张、银朱800斤、水银700斤、白术6000斤、东京肉桂1100斤、桂皮500斤、山萸肉6000斤、牛皮350张、山马皮1000张、鹿皮5600张、歇铁石200斤、鱼皮200枚、鱼胶3000斤、苏木20000斤、漆3000斤、沉香4000斤、朱砂2000斤、冰糖10100斤、木香600斤、白糖70000斤、三盆糖40000斤、乌糖90000斤、碗青7000斤、茯苓香1000斤、排草400斤、黄芩2000斤、甘松4000斤、甘草2000斤、川芎50斤、蕲蛇400斤、麝香40个、人参10斤、小人参50斤、墨3000斤、古画5箱、书60箱、瓷器60桶、雄黄1300斤、香料1000斤、藿香3000斤、当归5000斤、伽南香6斤、巴豆800斤、刀盘10枚、黄蜡3200斤、明矾1000斤、白铅4100斤、金钱50斤、色线20斤、古董16箱、巴戟2000斤、禹余粮石1000斤、铁锅30连、茴香105斤、砂仁5000斤、石青100斤、淫羊霍200斤、藤黄2000斤、羊皮1050枚、大黄2000斤、藁本4000斤、阿胶200斤、菜油400斤、贝母1000斤。从货物种类可以看出，宁波输往日本的商品除产自本港直接经济腹地的外，还有一大部分来自中国其他地区和东南亚各国，如中南半岛和南海诸国的各种香料，今越南河内的丝绸、肉桂。同时，从装货数量来看，产自江南地区的生丝和丝织品是宁波输往日本的最重要商品。除了丝和丝织品外，书籍这一特殊商品在宁波对日贸易中也占有重要地位，宁波船在对日输出商品中，有相当一部分是书籍。除上述刘上卿商船外，1709年（康熙四十八年）第40号宁波船又载去书籍4箱。1725年（雍正三年）二月，随第6号宁波船入长崎港的朱来章除献给幕府将军《军乐》1部6套、诗牌1箱、长江图1幅外，还载去76种约500册书籍用于出售，其中《元亨疗马集》《折本医马书》为御用马医之书，《十五省通志》和《大清会典》也是当时日本对其期望值很高的书籍。

宁波从日本输入的物品主要有：铜、金、银和海参、鲍鱼、鱼翅等干海产品，其中最为重要的是铜。与铜相联系的还有日本铜钱的大批流入。另外清初日本原从明朝输入的洪武铜钱曾大量流入舟山、宁波，以致一时成为当地市场的主要流通货币。此外，在中日贸易中，中国还从日本输入植物。

除对日海洋贸易外，清代宁波沿海转运贸易也非常兴盛。根据地方志《镇海县志》记载，宁波外省通直隶、山东，省内通杭州、绍兴、嘉兴、台州、温州和处州各处。如南船常运糖、靛、板、果、白糖、胡椒、苏木、药材、海蜇、杉木、尺板；北船常运蜀、楚、山东、南直的棉花、牛骨、桃、枣诸果、坑沙等货。从当时堆积在宁波江厦一带码头上的货物品种、产地和销路上可以看出当时宁波转运贸易的繁盛。

清代，台州的海洋贸易仍以国内沿海贸易为主。集中在闽浙沿海，其次是江北扬州一带，远至天津、营口等地。进出口货物以运往闽浙沿海最多。出口的货物以本地产的桐油、黄蜡、樟脑、纸劄、棉花、茯苓、白术等为主，进口货物有木料、红白糖、建烟、南北货等。此外，福建漳泉等地的商人还在海门港的葭芷开设烟栈，从漳浦等地运来烟叶、烟丝和荔枝等。温州除了国内沿海贸易以外，也有一些温州船只驶往日本和东南亚从事海外贸易。康熙二十七年（1688）就有一艘温州商船驶往日本长崎进行贸易。温州运往日本的货物有白丝、茶叶、瓷器、药材、纸、笔墨等，运回金、银、铜等物。

<table>
<tr><td>第二节</td><td></td></tr>
</table>

晚清民国时期浙江海洋贸易与航运

　　中英鸦片战争以后，宁波和温州先后成为中国对外开放港口之一。近代浙江进出口贸易中，进口的多为日常生活制成品，而出口的仍旧为传统手工业产品及原材料。这一情况在第一次世界大战时期有所缓解。自1911年辛亥革命后，浙江海洋贸易的外部环境发生了重要变化。现代国家体系的完善与政治环境的宽松都刺激了国内资本主义的发展，进而推动海洋贸易总量的增加。截至1937年抗日战争全面爆发以前，依照海关统计数据可以发现，这一时期浙江的海洋进出口贸易呈现出爆炸式增长态势。这里需要说明的是，与浙江对外贸易统计不同的是，浙江海洋贸易数量统计不包括杭州关数据，只囊括浙海关和瓯海关。这是因为，浙江海洋贸易主要考察的是浙江区域港口进出口货值的变化情况，浙江沿海三大港口宁波、温州和台州港进出口货物统计是由浙海关和瓯海关完成的。另外，晚清民国时期商品与人员流动的日益频繁也带动了浙江沿海航运业的发展。以浙江沿海港口为节点，公路、铁路、内河航运，甚至是航空运输也在这一时期同步兴起。而浙江沿海交通的发达与便利进一步刺激了浙江的对外贸易发展。在外资航运公司经营浙江沿海港口航线的同时，相当一部分有眼界的浙江商人逐渐兴办起沿海航运公司，与外资企业争夺航运权利。

一、晚清民国时期的浙江海洋贸易

与明清前中期的海洋贸易所不同的是，晚清民国时期浙江的对外贸易基本都由外商主导，悬挂外国旗帜的轮船完成国际航线的运输。而在国内中转贸易中，外商轮船运输也占有很大的优势。民国时期，随着中国近代工业化的发展，一些生活制成品已经能独立生产，如火柴、棉布、面粉、香烟等初级工业品的进口额逐渐减少并消失，最终部分产品还通过上海出口到海外市场。对于民国前期浙江海洋贸易状况，在进出口总量和货值均呈现双增长的情况下，其在海洋贸易中的比例日趋接近。以进口贸易而言，民国前期浙江沿海各口岸的洋货进口货值和土货进口货值的差距逐步缩小，并在20世纪30年代出现进口的土货货值超过洋货的现象。与之相伴的是，进口洋货中的大量工业制品逐步被国产货物代替，这里面最具代表性的就是卷烟。而在出口贸易方面，出口农产品和手工制品的货值与比例逐步接近，在农产品出口速度降低的情况下，浙江手工制品出口量的增长是非常引人注目的。不过，随着日本侵华的加剧和中日全面战争的爆发，浙江的海洋贸易受到极大冲击。尽管在战争初期由于进出口货物的激增，无论是宁波港还是温州港的海洋贸易水平与临港工业发展都呈现一片繁荣，但随着浙江沿海地区的逐渐沦陷，尤其是宁波港、海门港与温州港的先后失守，浙江正常的海洋贸易被打断。

（一）晚清时期宁波港的海洋贸易

宁波开埠初期，海洋贸易的外部环境发生重要变化。尽管外国商人涌入宁波试图迅速打开中国市场，然而宁波地区自给自足的自然经济结构对外国资本主义的商业侵略进行了坚决的抵制。目前有资料可查的宁波对外贸易额主要集中在转口贸易上，尤其是宁波转口上海。在第一年，即1844年，贸易总值达11万英镑，全国占比1.3%；但是这个数额没有能保持下去，五年以后减少到1万英镑，全国占比0.04%。同时，进出口商品的种类也有调整。鸦片战争前，盐、棉花、墨鱼干、黄鱼等产品行销省内外各地，北方所产枣、核桃、葡萄干，南方所产糖、干龙眼等南北货经宁波港销往省内，南洋所产胡椒及海外所产苏木白藤、鲍鱼、燕窝、玳瑁经宁波港销往内地。从1847年看，宁波进口商品中英国制造的棉织物成为大宗，占全年进口总额的63.4%。出口商品以白矾为主，而白矾产于温州平阳县的矾山镇，经宁波转运出口。此时，宁波进出口贸易对象仍主要是英国和英属印度。上海港的崛起与鸦片走私的猖獗都严重压制了宁波外贸的发展。此时宁波进出口贸易在短期萎缩之后逐渐恢复，成为上海港的转运港。

19世纪60年代，宁波进口对外贸易呈现出进口洋货净值跌而复升、进口土货净值逐渐走低的趋势。在1864—1865年间，进口洋货出现跳水，这和国际环境美国内战影响棉业发展有关系，此后十年，宁波进口洋货净值逐渐回升，除偶尔几个年份有少量下降外，上升的趋势还是比较明显的，在1873年又重新突破600万海关两。与此相反，这一时期，进口土货净值处于下降趋势，并且始终没有超过进口洋货。尽管宁波港的贸易有所回温，但必须看到的是宁波直接进口贸易占进口总额的比重较低，在进口额最好的年景也只占20%—30%。宁波港的进口商品主要来自上海等其他沿海港口，是转口贸易的接纳港。考察进口洋货的去向，以棉制品为例。1870—1872年三年间，由宁波凭入内地验单、子口税票运往内地的棉制品分别为281187件、340297件和341563件，分别占进口棉制品总量的50%、52.7%和49.9%。品质稍高的产品运往杭州府等富庶地区，品质一般的广销内陆地区。宁波港不仅是转口贸易的接纳港，更是转口贸易的输出港。宁波作为沿海转运的中转站地位尤其重要。这一时期，宁波港进口商品结构发生了一些变化。最为明显的是鸦片进口占洋货净进口比重的下降。以1887年为界，之前鸦片进口比重高达六成以上，占据进口总值的第一位，但是在之后，鸦片进口比重下降近25个百分点，且再也没有超过进口总值半数。在鸦片贸易式微的形势下，棉匹头货迅速替代鸦片成为进口洋货的最大宗。然而棉匹头货表现出来的进口数量并没有飙升，反而有所下降。1897—1911年间，宁波进口洋布最多的年份是1899年的918063担，最少的年份是1911年的536126担，下降了41.6%。这不仅是因为银价下跌导致棉布价格上涨，进而销量下降，还是宁波本地及周边口岸发展棉布制造业的必然结果。除棉匹头货之外的其他各种正当进口洋货，大部分品种进口量都在下降，如毛货、兰靛、铁锡等金属，火柴、红白糖、棉纱等品种。其中以毛货数量下降最剧，棉纱数量下降较少，其他几种的数量均下降六七成。毛货贸易的衰退，归因于当时更有价格优势的欧洲和日本的棉质法兰绒进口，其取代呢绒成为中国人在冬天使用的御寒衣物。宁波及临近口岸杭州、绍兴不少于三家棉纺厂的设立，促进宁波地区棉纺工业的发展，又是区域经济发展弥补洋货进口贸易的一则实例。数量增长的进口品种有美国面粉、卷烟、铅、煤和冰糖，其中以卷烟和面粉增长为剧。

　　1861—1876年，宁波口岸出口土货值从1861年的关平银5934987两增长到1874年的关平银7013845两，增幅为18.28%，看似增长乏力。但从本期出口土货值最低的年份1862年的关平银2023914两与最高的年份1872年的关平银10351148两来看，增幅高达411%。由此可见，在本期的前期和后期，宁波出口土货值波动较大。1862年，太平军攻占宁波，战事兵祸严重影响了宁波的出口贸易，好在战争很快结束，宁波出口贸易随之复苏。后半期，土货的出口在1872年出现峰值，达关平银10351148两，同时，贸易总值也达到最高点，关平银17909297两，后半期贸易总值的增长明显取决于土货的出口。究其原因，与最重要的两种出口土货有密切关系。1871年的棉花丰收，是过去十年里最好的一年，本地种植产品的好收成是出口贸易的保障，利益驱动，棉商除供应上海外，还供应香港地区、厦门等南方市场。这一时期，宁波口岸最重要的出口货物是茶叶、棉花、温州平阳的明矾，转销国内的有舟山的墨鱼鲞、手工业制品草席、纸扇、锡器、铁器、宁式木器、铜器、漆器、纸张（包括迷信纸）、竹、竹器、木柴、木炭、坑沙、浙贝（象贝）、蓖麻油、水果和少量名特土产等。以1873年和1874年为例，两年的绿茶出口价值均位于出口商品首位，分别占出口总值的74.8%和76.9%，其次是棉花，价值占出口总值的2.4%和3.0%，墨鱼价值占出口总值的3.2%和2.8%。其他重要的出口货物还有生丝、草席和草帽等。1877—1896年间，洋货进口额持续超过土货出口额，洋货贸易占据主导地位，宁波对外贸易长期处于入超状态。在1877—1891年温州开埠之初的这十五年中，宁波港的各类贸易值均处于一个平坡期，其年平均贸易总额为1241万海关两，这与1865—1874年的平均贸易总额1420万两相比，减少了179万两之多。从1892年开始，宁波港的贸易总额随着洋货进口净值的增长而开始慢慢回升，但直到1896年贸易总额也没有超过1872年。宁波港直接向外洋出口的货值也不容乐观，本期直接对外洋出口额占宁波出口额的比重均低于1%，概如棉花、棉籽运往日本，少量棉花、花生油、草席、零星杂货等运往香港地区之类，实在算不上可谈之资，甚至在1887—1889年及1895年直接从宁波运往外国的出口货为零。宁波出口货物运往沿海各口岸，主要是上海，进而再外销。宁波港逐渐演变成上海港的辅助港，成为上海港的南向腹地之一。这一时期，宁波口岸出口货物基本与上期相同，主要有茶叶、棉花、药材、海产品和手工制品等。这一时期宁波出口商品结构的一大特点是地产品出口贸易兴起，纸伞、纸扇、草帽、草

席、各种纸及其他各种手工业产品占宁波出口土货比重，从1893年的4.2%
上升到1896年的7.7%，超越药材，从第四位上升到第三位。从20世纪70
年代开始，草编织物的新产品草帽开始出口国外，并且数量还在不断
增长。

（二）民国时期宁波港的海洋贸易

进入民国以后，宁波的海洋进出口贸易凭借第一次世界大战西方各国
对中国经济侵略的减缓，进入高速增长时期。经过改朝换代的短期波动
后，宁波的海洋贸易在中华民国成立的刺激下，无论进口还是出口增长都
非常明显，特别是土货进出口占进出口总值的比例有了明显增加。不过这
一局面在第一次世界大战中被逐渐打破。此后，随着世界经济危机的爆
发，宁波的海洋贸易发展势头相对减缓。南京国民政府成立后，中国的工
业特别是轻工业迎来一个少有的黄金发展时期。在宁波海洋贸易增长速度
放缓的情况下，土货进出口比例则逐年提高，特别是一些国内能自己生产
的轻工业产品，逐渐在进出口贸易中占据优势。这一时期，宁波出口贸易
产品仍以原材料为主，出口轻工业产品的数量和比例呈逐年增长态势。不
过这一势头被随之而来的抗日战争打破。在战争的阴云笼罩下，宁波海洋
贸易出现短期的畸形繁荣，特别是上海被日军占领后，宁波港成为少有的
几个能够直接进口海外产品的港口，大量备战物资通过宁波转运内地，一
直到宁波被日军占领。

自1911年开始，随着中国改朝换代的新形势，宁波口岸洋货进口净值
出现大幅度下降，其后的几年内一直处于波动状态，增长乏力。与之相对
应的土货进口净值则在1914年之前一直保持着稳定增长的态势。自1914年
开始，宁波口岸洋、土货进口净值都出现大幅度跳水，经历了1917年的最

低谷后开始逐渐回升。到1920年，土货进口净值达到本期最大值，但洋货进口净值在本期最后四年呈徘徊趋势。相比洋货进口而言，土货进口净值在回升速度上都占有明显优势，但其在进口货物净值总额中的比例在大多数年份里都低于洋货进口净值。20世纪第2个10年期间，浙海关进口洋货的数量相比其贸易额，不同种类产品进口数量呈现出不同的趋势。以布匹为例，受辛亥革命的影响，1911年全年美国粗斜纹布进口量下降58%，日本棉纱进口量下降50%。在经历了1912—1914年的短期上扬后，宁波港进口棉布的数量呈逐年下跌趋势。与布匹总体下降的趋势相比较，宁波港日本粗布与粗斜纹布的进口则呈上扬趋势，其中最明显的是1916年。值得注意的是，自1911年开始，曾占洋货进口总量一半以上的鸦片几乎绝迹，而代替鸦片成为进口洋货最大宗的棉匹和棉纱进口量也大量减少。除以上产品外，宁波口岸进口的洋货还有白糖、赤糖、锡块、葵扇、自来火、冰糖、纸烟、煤油等商品。1921—1930年这10年间，西方列强势力又开始大举进入中国。自1921年开始，宁波口岸洋货进口净值逐年上升，并在1927年达到一个高峰。在这期间，自1923年起，宁波每年都爆发了抵制日货运动，1925年、1927年更是爆发了反英运动，这些运动的期限尽管都不长，但仍对宁波贸易的进口产生了影响。1923—1924年，宁波洋货进口净值出现短暂下滑。而从1927年开始，宁波洋货进口净值再次出现下滑，直到1930年才逐渐恢复并超过1927年的水平。相比之下，本期宁波口岸土货进口净值逐渐上升，并在1928年达到历史最高值。其后尽管出现下滑，但是土货进口净值仍超过了1921年的水平。1921—1930年这10年中，宁波口岸洋货进口数量自1921年呈现稳定增长态势。不过1929年经济危机开始后，多项洋货进口数量开始出现大幅下滑。截至1931年，煤油、香烟、布匹等具有代表性的洋货进口数量已远低于1921年的水平。与之相反的是，1931年宁波港土货进口中香烟、水泥和布匹的数量较之1922年有明显的增加。在以香烟、水泥、布料为代表的货物进口比例中，土货的数量相比洋货有明显上升趋势，占据了一半以上的比例。20世纪30年代，宁波洋货进口净值一路下跌。1932年，宁波洋货进口净值为关平银2106318两，相比1930年下跌了92.67%，导致这一现象出现的直接原因是南京国民政府对洋货进口税率的调整。同年，宁波土货进口净值为关平银14337643两，基本维持了经济危机前的水平。1933年，南京国民政府废两改元后，宁波口岸洋货进口净值一度出现恢复发展趋势，从1934年的5948145法币元上升到1935年的8059920法币元。但在1936年，宁波洋货进口净值狂跌到1844739法币元。此后，随着抗日战争的全面爆发，宁波口岸洋货进口净值逐年减少。

1911—1920年这10年间，宁波口岸出口土货值从1911年的关平银7863141两增长到1920年的9904980两，10年间增长率仅为25.97%，年均增长率不到3%。其间，1913年、1917年及1918年之后两年均呈现负增长态势。究其原因，主要有两方面的因素导致宁波口岸出口货值增长乏力。首先是宁波口岸出口产品主要以农产品为主，棉花、茶叶、海鲜是主要的出口产品，其次是草帽、棉布等初级工业品。这种出口结构使得一旦农业出现天灾就会直接导致出口缩水。1921—1930年这10年间，宁波口岸出口土货货值从1922年的关平银11796427两上升到1931年的13800526两，增幅仅为16.99%，年均增长率不到2%。同期，宁波口岸进口洋、土货净值从1922年的25672184两增长到1931年的30368185两，增幅为18.29%。从这些数字中可以看出，这10年中，宁波口岸进出口货值增长速度基本保持一致，这也意味着这10年中宁波口岸进出口货值的比例也没有大的变化，其比例从1922年的1∶2.18到1931年的1∶2.20。这10年间，宁波口岸主要出口货物与上个10年相比没有大的变化。1931年后，由于经济危机影响及浙江沿海海盗的猖獗，宁波口岸的贸易日趋消沉。不过在新出口税则实行后，加上宁波至上海陆路交通的改善，大量原本在宁波口岸直接销往国外的土货大部分经由上海或其他沿海口岸转运。1931—1936年这6年间，宁波出口的主要工业品是面粉、棉纱和棉布。茶叶出口数量一直在增长，但是其销售价格则比以前降低很多。1933年，宁波口岸出口土货值为法币1.8万元，1934年为1.7万元，1935年和1936年则下降到0.9万元和0.6万元。1934年，除草席出口数量因为免收转口税出现增长外，其他诸如棉花、药材和绿茶出口数量均有所下降。1935年，宁波镇海设立新码头后，大量宁波土货及周边土产直接由镇海口转往上海出口，因此宁波口岸本身的土货出口量统计数据呈现逐年下降的趋势。

　　作为浙海关的子口之一，台州海门港又称为家子分口。1897年，海门港开埠后，其贸易对象主要是上海港和宁波港，进口的货物如纱布、食糖、煤油、豆饼、肥田粉等数量有增无减。整个民国前期，由于海门港隶属于浙海关，其单独统计口径的数据并不完整，根据《中国实业志》等文献资料记载数据的核算，可以大概还原出1932年海门港进口货物主要分成六大类，总计46579.5吨。在进口货物中，化肥的进口数量最多，为21234.8吨，接近海门港进口货物的一半，其次为糖和豆饼，分别是14054吨和3500吨。进口化肥与豆饼数量的增加显示出民国时期台州地区的农业生产已经比较发达。农户除自备农家肥料外，开始大量使用化肥与豆饼来提高土壤肥力，进而增加农田粮食产量。由于数据的不完整，在实际进口中，化肥与豆饼的数量要高于统计数据。作为温岭、黄岩、临海3县产稻区的常用肥料，化肥与豆饼的统计资料明显出现缺失。而糖类的进口数据也有类似的问题，实际数据应该高于14054吨。究其原因，一方面是海门港的进口货物中有相当一部分属于转口，而另一方面是1931年浙海关海门常关的裁撤造成了1932年海门港走私贸易的猖獗。以糖、石油、纸烟为代表的货物从台湾地区、香港地区走私到海门港，然后经海门转运到宁波、上海。另外，海门港实际进口的货物种类除前文所述外，还有文具、玻璃器皿、铜锡器、药材、罐头等手工制品，不过因其具体数量缺失太多而无法进行较为精确的统计。

作为宁波口岸经济腹地的台州，从海门港转往宁波口岸出口的土货主要有农林、畜牧、原材料及手工制品。以1932年为例，该年台州出口粮食类有大米65000吨，大麦140吨，小麦9301.8吨，大豆3366.24吨，甘薯1000吨；林木类有原木15350吨，木板600吨，炭7875吨，松柴20000吨，茶叶2916吨；油料类有桐油60吨，柏油390吨；原料类有棉花250吨，苎麻500吨；果品类有柑橘20000吨，荸荠10000吨，枣子500吨，杏子50.2吨，李子350吨；蔬菜类有芋艿1750吨，竹笋10000吨；药材类有白术37.5吨；畜类有牛16087.5吨，毛猪5875吨，猪鬃42.4吨；禽蛋类有鸡407.7吨，鸭58.5吨，彩蛋154.7吨，鸡蛋1517.2吨；其他手工艺品类有麻草帽18.35吨，蔺草席1450吨，土布1250吨，绢7.5吨，麻草鞋33.5吨，综绳100吨，渔网120吨，佛珠50000串，发网300000个，烛芯82吨。以上出口土货主要经宁波口和温州口销往上海和福建，或经宁波口直接出口海外。除此之外，还有数量可观的水产品经宁波口和温州口出口到上海和福建。

（三）晚清民国时期温州港的海洋贸易

1877年（光绪二年）4月，根据中英《烟台条约》，温州开埠，正式对外开放。当时，温州与外界联系的船只主要依靠往返于温州和宁波之间的一艘小老闸船，以及两地之间每周一次的陆上邮路来维持。而经常光顾温州港的也只是一些装载量500—1500担（即30—90吨）的本地小船，且绝大多数来自邻近的沿海港口。结果，温州在开港第一年（共9个月）进港船只23艘，载货量7486吨，出港24艘，载货量7508吨，其中，17艘悬英国国旗汽船，2艘悬美国国旗汽船，4艘悬德国国旗老闸船，1艘装载量22吨的中国老闸船。在进出口大宗商品方面，温州周边的府县也大多从宁波浙海关供货、出货。以棉织品为例，处州从宁波接收办理的半税单照棉织品1877年为114000匹，1880年不少于79487匹。另外，宁波与衢州之间也可以通过钱塘江水路进行直接贸易；1877—1880年衢州从宁波年均接收办理半税单照的棉织品为107000匹。但是，温州港对外贸易在1881年后出现了明显的改善。当年，贸易值增加到487775关平两，较前一年猛增了13.44%，且大部分增量来自洋货进口的增长，增率为29.31%。其实，温州开埠后的贸易总额除第二年（1878）下降外，其余几年还是呈正增长的，只是增幅不大而已。另外，温州的土货贸易与洋货贸易相比也不是十分理想，其中出口还出现了净下降的现象。这说明当时温州港的贸易腹地还是十分有限的。总的来说，温州自开埠后在对外贸易方面还是呈现出增长的态势的，但这种增长并非实质性的增长，它主要是从临近的福州、宁波分流了一些贸易量，只不过是贸易渠道从一条换到另一条而已。需要指出的是，在温州港的进出口贸易中，仍以国内转口贸易为主，直接对外贸易所占比重甚微。在转口贸易中，由于地理位置和汽船运输业的相对劣势，温州周边地区的部分土洋货仍然由宁波或福州供应。

1911—1920年这10年间，温州口岸洋货进口净值从关平银1177603两增加到1774775两，增幅仅为50.71%。相比之下，这10年间温州口岸土货进口净值由1911年的关平银462024两增加到1920年的1601373两，增幅达146.60%。由此可见，在这10年间，温州口岸土货进口净值的增长速度远超过洋货进口净值的增长速度，由此导致的是温州口岸进口额中洋货与土货的比例由1911年的1∶0.39上升到1920年的1∶0.90。从进口数量与种类上来看，1911—1920年这10年间温州口岸洋货进口的种类主要有棉布、棉纱、毛织品、金属、煤油、糖类、颜料、染料、卷烟、西药、海产品、火柴、玻璃、布伞、肥皂、藤条、葵扇及鸦片等。不过鸦片在1911年后被禁止进口。从瓯海关的统计数据来看，这一时期标准性的进口洋货主要是棉布、金属和煤油。与洋货进口相对应的是，1911—1920年这10年间温州口岸土货进口的种类主要有棉布、土布、麻类、大豆、金针菜、木耳、干果、红糖、海产品、药材、石膏及机制的火柴、棉纱、棉布、面粉等。在这些进口土货中，除机制物品外，其余都是传统意义上的进口货物。这些传统货物的进口有的通过海关进口，还有相当一部分通过常关进口。1921—1930年这10年中，温州口岸进口洋货净值呈现出稳定增长的态势，从1921年的关平银2191677两增长到1930年的5090819两，增幅达132.27%，远高于上一个10年的速度。1921—1930年这10年间温州港进口的主要土货，除了原有种类外，增加了卷烟、肥皂和豆饼等种类。这一时期温州港进口土货的主要机制货物都呈现较大的增长态势，其中卷烟由无到有，棉布和面粉的进口量则分别增长了13.06倍和6.69倍。进入20世纪30年代后，温州港进口洋货净值在最初三年连续下跌，分别为关平银4387567两、215506两和92544两。与之对应的进口土货净值则未发生大的波动，分别是关平银7248653两、8049746两和6591213两。自1933年南京国民政府币制改革后，温州口岸进口洋货净值开始逐渐回升。1935—1937年，温州口岸进口洋货净值分别是244178法币元、469259法币元和842050法币元。同期，温州口岸进口土货净值则呈下降趋势，分别是710万法币元、690万法币元和660万法币元。截至1937年，温州口岸进口洋货以煤油、柴油、白糖和石蜡的数量最多，进口土货以纸、烟、豆饼、糖品、花生油、土布及其他各种棉布为主。

　　1911—1920年这10年时间，温州口岸出口货值从1911年的关平银1008370两上升到1920年的1484098两，10年时间增长率仅为47.18%，年均增长率不到5%。同时，自1911年开始，温州口岸土货出口值增长乏力，直到1916年出口土货值才达到1490157两。其后便一路下滑，直到1918年才开始恢复增长。温州口岸大部分出口货物都销往其他通商口岸，如上海、宁波，然后经其他通商口岸出口。本期温州口岸直接出口外洋的土货数量相比出口货值总量而言，比例是非常小的，其出口地主要是日本。民国初期，温州口岸出口的货物种类主要有茶叶、纸伞、柑橘、烟叶、木板、原木、木炭、明矾、滑石器、猪油等各种土货或手工制品，其中茶叶是温州口岸出口的主要土货之一。1921—1930年这10年间，温州口岸土货出口量相比上一个10年有明显的增长，从1921年的关平银1444576两增长到1930年的5611652两，10年增长了288.46%，年均增长接近30%，其增长速度远超过上一个10年。1921年至1930年这10年间，温州出口土产，如：平阳明矾、处州青田的木炭、鲜蛋、滑石器和纸伞等主要销往日本；木材经广州口岸销往四川；木板则运往上海加工成木箱，作为上海口岸运送货物的货箱；乐清的鲜蛋则由温州口岸转运美国、日本用来制作饼干。本期茶叶仍旧是温州口岸主要的出口土产之一。进入20世纪30年代，温州口岸土货出口值呈现下跌趋势。1931年，温州口岸出口土货中的75%为纸伞、木炭、草席和茶叶，其余土产主要运往中国沿海其他通商口岸。1932年温州口岸出口外洋土货中纸伞占40%，草帽占23%，鲜蛋占16%，猪油占3%。原本是出口大项的木炭则由上一年度的12万两下降到几乎为零，这是因为中日关系的恶化使得木炭对日本出口受到严重影响。除木炭外，另一个受到影响的是纸伞。到1936年，温州土货出口值从1935年的550万元下降到540万元，其中纸伞占20.07%，下等纸占11.65%，木炭占8.42%，茶叶占5.32%，茶油占5.75%，桐油占4.33%，烟叶占4.32%，其余均属杂货。

二、晚清民国时期的浙江沿海航运业

晚清民国时期浙江沿海的航运公司除英、美、日等外国航运企业外，大量中资航运企业在争夺浙江内河与外海航运权益的过程中逐渐壮大起来。与晚清时期相比较，民国浙江海上航线主要由中国航运企业经营，几乎每条航线上都有大量中资轮船公司客货轮船的背影，而在此背后是大量运用现代公司理念经营的航运公司的茁壮成长。以宁绍轮船公司、三北轮船公司及振市轮船公司为代表的浙江私营航运企业，展示了浙江航运企业发展的曲折之路。抗日战争全面爆发后，浙江沿海与内江航运遭受严重打击。尽管战后浙江沿海航线逐步恢复，但仍与战前有较大差距。

（一）晚清民国时期浙江航运规模

浙江自通商开埠以来，航运一直被外资垄断。甲午战争后，宁波商绅先后创办了外海商轮局（1895）、永安商轮局（1895）、志澄商轮局（1896），经营近海和内河航运。进入20世纪后，宁波商人又先后创办了永川（1903）、越东（1906）、中国商业（1907）、宁绍（1908）等轮船公司。这些轮船公司无论是资本、经营规模，还是航运范围都较以前有质的飞跃。此外，杭州、温州、台州、绍兴、嘉兴等地也相继成立了民营轮船公司，或航行于外海，或行走在内河。据有关资料记载，从1895—1900年，浙江商办航运公司资本在万元以上的就有14家，共有轮船吨位5533吨和100匹马力。自1912年起，浙江民族资本经营的外海及内河航运业进入发展壮大期，其中规模较大的外海航运公司就有26家之多；而内河航运公司，仅1927年的杭嘉湖地区就有95家之多。进入20世纪30年代，浙江外海航运业中轮船的吨位有了明显提高，1000—3000吨之间的轮船由1911年的3艘增加到1935年的9艘，500吨以下的小轮船则由1911年的7艘增加到1935年的78艘，增长10倍多。随着浙江航运业的发展，外海轮船业的中心宁波、海门、温州三港形成民族轮船公司占优势的局面。

最早开通宁波至上海航线定期班轮航运业务的是美国旗昌轮船公司，紧随其后的是1875年招商局的"大有"号轮船。1906年，宁波商人筹建的宁绍轮船航运公司成立后开始介入该航线的运营。第二年，宁波商人在江北岸成立中国商业轮船公司，以"德裕"号轮船行驶宁波至厦门航线，中间停靠温州、兴化和泉州。截至1911年，宁波港外海和内河航线上运营的轮船总共有22艘，分属13家轮船公司，除宁绍商轮公司"宁绍"号与"甬兴"号以外，多数轮船为1000吨以下的小吨位轮船。同年，各国进出宁波港的轮船总计1532艘次，总吨位为1879806吨。其中中国和英国分别占总吨位的63.96%和25.39%，数量分别是1035艘和368艘，其他为法、日、美、瑞典–挪威商船。从该数据可以看出，中国轮船公司在宁波港航线的经营上占有优势地位。除此之外，在外海各航线帆船/机帆船与内河航运上，截至1911年，已经全部由中资帆船/轮船运营。同年出入宁波港的帆船数量为158艘，总吨位为20567吨。同期出入内河航线的轮船、帆船及机帆船总数为3914艘，总吨位为397012吨。可见，相比外海轮船航运而言，内河航运的机帆船明显属于小吨位船只。这些数据还没有算上兼营航运的2万余艘渔船。这一时期总体轮船航运的状况是外海主要航线优先投入大型轮船，其次是内河主要航道，而众多的机帆船与帆船则往来于近海短程航线与内河支线。轮船的发展趋势呈现出先外海后内江、先重要航线后次要航线、先货运后客运的特点。这与航运业的投入产出关系和边际资本效益的要求完全吻合。这一时期宁波及周边地区沿海及岛屿基本都通行轮船。在繁忙的航线上，众多形制不一的轮船往来于宁波与周边港口。

　　随着轮船航运业的发展，到1936年，宁波港各航线往来的帆船逐渐被轮船替代。包括外海、内江、内河航线上的主要交通运输与客运，已由轮船承担。这一时期，宁波港外海航线上的轮船数量达到24艘，其中沪甬、甬温线各有5艘。同期外海轮船总吨位约2万吨，其中甬沪线就占了60%，达到1.2万吨，这充分说明了宁波与上海贸易的紧密程度。与1911年相比，这一时期宁波外海航线上行驶的轮船无论数量还是吨位上都增长了一倍以上。这一时期，外海轮船中超过1000吨的轮船有6艘，500—1000吨的轮船有5艘，其他轮船皆超过100吨。同期航行于内江航道上的轮船由原来的6艘增长到11艘，其吨位和载客量有了明显的增加。而内河轮船则由0艘增加到24艘。整个宁波港航线上的轮船构成了大、中、小和远、中、近格局的航运网络，其中内河、内江航道上的轮船登记注册数由1922年的21艘增加到1931年的71艘。除轮船交通外，宁波内河仍旧保留了一定数量的帆船用于货运。整个宁波港区的船只计有沙船37艘，帆船540艘，橹船5400艘。

　　清末海门港的航运主要依靠船帮帆船，当时海门港有本地商船210艘，渔船更是达1500多艘。随着"海门"轮运营椒甬航线后，大量台州、宁波商人投资的轮船公司先后投入海门港航线的运营。1911年，行使海门港各航线的轮船有10艘，最大的为越东轮船公司的"永利"号轮船（763.55吨），最小的是"海宁"号轮船（106吨），总计4477.15总吨，其中载重超过500吨的轮船有3艘。到1937年抗战全面爆发前夕，行驶海门港各外海航线上的轮船有23艘，总吨数为16956.4吨，其中：定期班轮15艘，计11784.79总吨；不定期班轮8艘，计5171.61总吨。与民国初期相比，这一时期的轮船数量和载重分别增长了2.3倍和2.79倍。在23艘外海航线轮船中，载重均超过100吨，其中载重1000吨以上船只有6艘，载重500—1000吨之间的船只有6艘。与外海航运相比较，海门港内河航运发展速度较慢。

内河轮船以载客为主，货运仍主要由内河木船集散。截至1937年，海门港内河航线轮船总共有15艘，均为100吨以下的小型轮船。除轮船外，海门港外海与内河航运线上还有大量的木帆船从事货物的运输工作。以1937年为例，外海航线木帆船进口有1604艘次，出口1597艘次，总计为3201艘次；在内河航线上，仅黄岩一地就有内河民船543艘之多；另外还有2000多艘的渔船。以台州临海轮船数量为例，1931年该地外海轮船10艘，皆为定期班轮，内河轮船5艘，造价由3万至30万元不等，船上皆配有救生设施。

温州开埠后，截至1933年，温州港各类轮船有38艘，总计7433吨，其中100吨以上的沿海轮船有22艘，总吨位为6840吨。

（二）晚清民国时期浙江航运企业的发展

在浙江沿海港口开埠初期，航行于各航线上的轮船不是为外资航运公司所有，就是为官商合办的轮船招商局所有。直到1908年浙江民营资本成立宁绍轮船公司，大量民间商业资本开始涉足浙江近海航运业。与港口分布相适应，民国时期浙江航运企业主要分布在宁波、台州和温州。

自1908年浙江第一个民间商人筹资兴办的宁绍轮船公司投入运营后，宁波在1911年共有注册轮船公司13家，拥有轮船18艘，大多公司为仅拥有一艘轮船的小公司。截至1936年，宁波本地的航运企业数量增加到48家，其中经营外海航线的有20家。这些公司除达兴公司轮船泊地设在滨江路外，其余19家公司所属轮船泊地均在江北岸。另外，除永川商轮公司外，其余公司轮船皆为定期航班。值得注意的是，这一时期的外海轮船公司，除三北公司拥有4条轮船外，其余皆是只拥有1艘轮船的小公司。这些外海轮船公司主要经营甬沪线（五家）、甬温线（四家）和舟山线（四家）。与1911年相比较，这一时期轮船相当一部分为新开班，原有轮船公司也多数增资或更新船只，增加班次。外海轮船公司投资大，营业状况一般都可以，如宁绍轮船公司甬沪线年收入为11万元，三北轮船公司年收入为10万元。这一时期的内江、内河商轮企业分别有13家和15家，多半为1927年以后创办。这些众多公司创办后，彼此竞争非常激烈，于是逐渐出现公司之间的联合经营。

台州港最早的民营轮船公司为1897年11月路桥绅士杨晨官与陶祝华、王勤甫等人集资创办的"越东轮船公司"。截至1911年，台州外海轮船公司总共有7家，分别是：外海商轮局、越东轮船公司、平安轮船公司、永川轮船公司、锦章号轮船局、招商局、英商老公茂洋行。另有1910年成立的临海六埠拖轮公司经营内江航线。根据1931年的调查数据，台州临海共有外海轮船公司10家，拥有轮船数量15艘，注册资本超过5万元的有5家。根据营业状况调查，其中7家轮船公司中有3家亏损。究其原因，作为浙江沿海航线的中段，其轮船公司经营受到宁波及温州轮船公司行业竞争压力。为此台州五家经营椒沪线的航运公司达成协议，于1930年2月5日在上海成立"联安航务公局"，排定各公司所属轮船班期，避免内部竞争。1935年4月1日，航行于椒甬及甬椒瓯线上的平安轮船公司等六家公司成立"联合甬台瓯航务公局"，协议联合经营，共同应对同行竞争压力。这种模式随后被其他区域航运企业效仿。如上海航业公会就仿照"联安航务公局"成立"航务联盟"设立联合办事处，平均支配航班，以应对行业不振。

在民国时期的浙江航运企业中，以宁波商人创办的宁绍轮船公司与三北轮船公司最为有名。前者是在晚清时期外资轮船公司及官商合办轮船招商局垄断中国沿海航运的背景下诞生的私人企业，而后者则是在民国建立后，中国民族资本主义企业蓬勃发展时期所开办的。

　　宁绍轮船公司，全称"宁绍商轮股份有限公司"，由宁波商人虞洽卿于1908年发起创办，严信厚等宁波商人以购买股份的形式予以支持。5月，宁绍商轮股份有限公司开始筹备，额定资本100万元，20万股，总部设于上海。7月5日，宁绍轮船公司在四明公所开会，由同乡会议决是否成立商轮公司并开始面向社会筹集资金，其中虞洽卿本人认股洋四十八万七百元。9月17日宁绍轮船公司召开正式股东大会，宣告公司的成立。公司以上海为总公司、宁波为分公司，购船规埠，经营上海到宁波之间的航线。公司总经理为虞洽卿，严义彬、方舜年担任协理。同年，公司筹资40万元从福建马尾船厂购得轮船1艘。1909年8月下旬，宁绍轮船公司旗下载重1318吨的"宁绍"轮和1585吨的"甬兴"轮投入甬沪航线的运输，每天对开。这是中国商办轮船第一次在宁波港开办甬沪定班航运业务。公司成立初期运营并不顺利。20世纪初期，上海黄浦江沿岸均被太古、日清、三菱、汇山、旗昌等公司、洋行占领，浦东又不适合停靠轮船，无奈之下，虞洽卿只好向三菱公司、大达公司商议租借码头，但均遭拒绝。最后在张謇的斡旋下，才以高价租借大达所占的一段江岸，自建码头和栈房。初期宁绍轮船公司的主要业务是客运，兼做货运。公司正式运营后，即受到沪甬航线上其他轮船公司的排挤和打压。1911年9月，太古轮船公司宣布降低沪甬航线客轮票价，将客票由原来的1元降低到0.25元，企图利用资本优势挤垮宁绍商轮公司。为此，虞洽卿等人联合宁波商人，由宁波同乡会出面支持，组织"船票维持会"保证公司营业。同时，动员旅沪甬商组织募集10多万巨款补贴公司，将船票降为0.3元。在宁绍商人群体的支持下，宁绍商轮公司在竞争中获胜，维持了沪甬航线客运业务。自1916年后，该公司越办越兴旺，连年获利，到1919年盈利高达38万元之多。

　　三北轮船公司，全称"三北轮埠股份有限公司"，由虞洽卿于1914年6月独资创办，额定资本20万元。总公司设于上海，于龙山、镇海、宁波设立分公司。公司创办初期，以"慈北""镇北""姚北"3艘小轮船行驶于宁波、镇海、沥江、龙山一线。1918年，公司增资80万，收购英商鸿安轮船公司，开辟南北洋航线。其后趁第一次世界大战，运费上涨的势头，虞洽卿继续增资三北轮船公司，续购江轮，发展沿海与长江上游航线。此时，三北轮船公司已成为全国性大型航运企业。"一战"后，中国航运企业面临外商竞争压力，三北轮船公司也受到打压，公司营业收入不敷开支，濒临破产。1925年5月，"五卅"运动爆发，借助中国民众抵制英国轮船运输公司的机会，三北公司扩大营业，获利颇丰。南京国民政府成立后，在蒋介石的支持下，三北轮船公司发行三北航业公司债券300万元，用于购买新式轮船。抗战全面爆发前，三北轮埠公司共有船只41艘，总吨位为62573吨。抗战全面爆发后，三北轮船公司转往长江上游，仅有小轮船四五艘，航行于重庆到叙府、丰都、万县的内江航线。

第 七 章
浙江海洋交通与群体生活

浙江沿海除了依托港口航线与周边国家进行海洋贸易外，还有众多的内河航运、沿海道路体系和近海航运能够便利内陆的人员与货物向沿海港口流动，同时沿海港口的货物和人员也通过成熟的沿海交通体系流动到浙江内陆及其他周边区域。浙江的沿海道路体系和内河航运在吴越时期就已经出现，隋唐时期江南运河和浙东运河的修筑与完善，进一步沟通了浙东沿海与浙北长江中下游区域的联系。依托运河体系和浙江沿海水系，宋元时期浙江已经拥有完善的内河航运体系，而与内河航运体系相配套的陆路交通系统也在明清时期逐步网络化。近代以来，随着轮船的投入使用，依托港口所出现的近海航运业有了进一步发展。宁波、台州、温州和舟山的近海航线日益增多，与上海和福建沿海区域的联系日益紧密。大量货物和人员通过近海航线中转到上海和广州，进而远赴海外。浙江沿海的人口流动与浙江沿海交通的完善几乎同步，秦汉和宋元时期因北方的战乱使得大量士族举家南下，迁入浙江沿海，推动了区域人口的增长和经济发展。而到了明清以后，随着沿海人口的增多，人口迁出趋势非常明显，相当一部分浙江沿海人口迁往近海岛屿和周边省份，浙江沿海岛屿的开发和上海等城市的崛起都离不开浙江沿海人口的外迁。在长时期的生产与生活中，浙江沿海居民形成了具有地方和海洋特色的生活习俗并沿着对外贸易航线与周边区域展开文化交流。

第一节　浙江沿海交通与人口流动

　　在传统海洋经济发展中，木帆船运输及所载货物对于港口的要求都非常低，只要有适合的岸线，帆船都能顺利靠岸卸货。因此浙江境内水系及水路交通构成了货物及人员流动的主体，且其开发利用要早于浙江沿海的陆路交通。浙江沿海的交通发展在先秦两汉时期的基础上，于隋唐和宋元时期有两次大规模的水陆交通修建。这两个时期水陆交通的完善与当时内防居民南迁浙江沿海及区域市镇经济的发展是相互刺激与影响的。区域人口的增加刺激了市镇经济的发展，而市镇经济的发展要求水陆交通改善，便捷的交通则使人员与货物的流动更加便捷。明清时期，区域经济的发展和人口的增长使得这一时期浙江沿海的人口呈现出向外流动的态势，而相应的交通除陆路与内河航运外，沿海航线也得以发展起来，特别是随着航运发展，由浙江商人投资经营的客轮运输及客运公司在这一时期日益增多，内河与近海航线的日益密集使得浙江沿海人口借助完善的交通港口设施，乘坐新式轮船，往来于浙江及中国沿海各个城市。

一、浙江沿海交通变迁

交通是人类生产、生活活动的必要条件，水陆交通及道路网络布局与当地的地理条件、经济、政治、文化及军事需要等诸多因素密切相关，并随着人类活动的扩展而逐步完善。浙江沿海交通自古以来就以水运为主。浙江东临大海，有漫长的海岸线，港湾林立，海运发展较早。境内由钱塘江、曹娥江、甬江、椒江、瓯江、飞云江、鳌江等水系自西向东流入大海，再加上连接杭州的浙东运河，使得浙江的人员与货物都能通过河道运输。特别是东北部平原，河道密布，水运非常发达。晚清时期，随着现代轮船的使用，浙江内河航运与沿海航运的效率大大提高，沿海人口的流动速度也随之加快。

（一）古代时期浙江沿海的水陆交通

浙江沿海水运交通的历史可以追溯到吴越时期，当时的越国为了解决山会平原的东西交通，开凿了一条与自然河道相垂直，由越国都城向东直达曹娥江的水道干线。这是浙江省境内开凿的第一条人工运河，也是浙东运河的前身。它的开凿，使越国逐渐成为一个以都城为中心的航运网络。此外，这一时期的越国还修筑了一条自宁波通往江苏吴县的道路。从春秋到战国时期，这条道路都是从北方通往浙江沿海的主要道路。秦汉至南北朝时期，浙江沿海的航运也得到初步发展，在继续利用天然河道的同时，运河的开凿也有了新的进展。在杭嘉湖平原，秦代整治了原有渠道，开凿了从嘉兴到杭州的渠道，从而初步奠定了江南运河的基本走向。在萧绍宁平原，东汉的马臻创建了镜湖，东晋的贺循开凿了萧山至会稽的运河，进而沟通了曹娥江与姚江的水上航路，连同越国开凿的山阴水道，形成了浙东运河。随着航道条件的改善和船只制造技术的提高，浙江的内河航运与海运也进入初步发展阶段。秦始皇东巡会稽、汉武帝用兵东越都充分反映出这一时期浙江内河航运的发展。此外，秦汉时期浙江沿海的陆路交通也开始修建起来，这从当时河道上桥梁的修建就可以看出道路的走向。不过这一时期的道路仍集中在东北部平原附近。三国时期，浙江属于吴国，出于军事需要，当时修建了一条从会稽郡经东阳郡、新安、定阳到福建的道路，一条从句章沿海经临海郡至永嘉的道路。此外，随着山越的平定，沿钱塘江至歙县的道路也连接贯通。

浙江的沿海水运交通在隋唐时期得到进一步发展，其中以江南运河与浙东运河最为著名。秦汉以降，江南地区社会经济有了很大发展，为了加强对江南地区的控制，密切京畿与江南财赋的联系，隋炀帝下令开凿江南运河。江南运河开凿于大业六年（610），这是一条在原有自然河道和人工渠道基础上重新规划、重新设计，投入大量人力、物力开凿而成的大运河。江南运河路线，北起今江苏省镇江京口，自东南经丹阳、常州、无锡、苏州、平望和浙江省嘉兴，再折向西南，经石门、崇福、长安、临平，沿着上塘河到达杭州，然后在城东开河，于白岭塔附近进入钱塘江。江南运河的开凿不仅使得杭嘉湖平原的水运网络有了一条主干航道，而且向南沟通了浙江全省及江西、安徽等地，向北沟通了长江、淮河、黄河等水系，成为全国性大运河的一部分。之后随着浙东运河的开凿，北方货物可沿运河直下杭州，再经浙东运河转运从宁波出海，其沿线城镇也在运河的带动下得到进一步发展。唐代为保证运河的通航专门标定了运河应保持的水位，规定了排放河水的办法，并指定专人管理。此外，唐代还在海宁西南的长安镇修建长安闸，在杭州治理西湖以保证运河的水源。唐代中期，政府加强了对浙东运河的疏浚工作，一方面对原有河道水系进行治理，另一方面在运河上修堰，提高运河的通航能力。此外，政府还对浙江沿海其他水运航道进行治理。大和七年（833），县令王元暐主持修建了它山堰，不仅使得鄞县农田大受其益，还方便了由鄞江经奉化江到鄞县的航道运输。

隋唐时期，浙江沿海江河、山谷与陆路交汇处的桥梁建筑也得到迅速发展。如明州东城门外跨越奉化江的东津浮桥，初建于唐穆宗长庆年间（821—824），置船16艘，铺板在船上，长55丈，宽1丈4尺，因开工时云中呈现彩虹，因此被称为灵桥。建桥以后，唐文宗、僖宗、昭宗时期都进行过修理。此外，唐代修建的还有杭州的石函桥、越州的大夫桥、慈溪的大宝桥、越州的昌安桥等。在没有条件修建桥梁的江河与陆路交汇处，通常设有津渡。如从杭州到越州的浙江渡、渔浦渡，从越州到明州的曹娥渡等。政府在渡口配置船只和船夫，对往来两岸的旅客收取渡河费用。到隋唐时期，浙江沿海已经形成了完整的陆路交通，各州之间均有道路相通。如越州东到明州275里，东南至台州475里，西北至杭州140里；明州西北至上都3805里，西北至东都2945里，东北至大海70里，西至越州275里，西南至台州宁海县160里、至台州250里。

宋元时期，浙江沿海航运无论是在生产、建设方面，还是在管理方面，都达到了比较完备的水平，在航道、港口、运输等方面都呈现出一派繁荣的景象。在航道管理方面，宋元时期都有专门管理航运的中央机构，而浙江省境内的航道治理则由地方官负责，如北宋苏东坡治理杭州运河，元朝江浙行省令史裴坚建议治理杭州运河即是如此。宋元时期，浙西杭嘉湖地区为适应气候、水文条件的变化和航运发展的需要，对江南运河的水源进行了治理，并在治理原有航道的基础上开凿新的航道。南宋建都杭州后，江南运河作为漕运通道，地位十分重要。因此，淳熙十四年（1187）宋孝宗批准开浚奉口河。元朝末年，张士诚割据一方，兵船往来苏杭之间，由于河道狭窄，不利于军事行动，于是取用近道，从塘栖南武林港，开挖河道至江涨桥，因此该河被称为新开运河，也被称为北关河。北关河沿途除了利用一些湖泊作为水源外，还能通过奉口闸引入苕溪河水作为补充水源。至此，宋元时期疏凿的奉口河与北关河，连同秦时开凿的上塘河，在杭州境内形成了江南运河的三条主要航道。航道整治上的另一显著成就就是宋代的船闸建设，其中三闸式复闸（即二级船闸）的建筑在当时世界上处于领先地位。宋代浙江建筑的复闸主要有杭州的龙山闸、浙江闸、清湖闸、钤辖司闸，海宁的长安闸，其中龙山闸位于杭州市闸口钱塘江北岸的白塔岭下龙山河口，由浑水、清水两闸组成，是温、台、明州及外国海舶和内陆船只出入杭州的咽喉要道。此外，宋元时期浙江的漕粮运输也有力地促进了内河航运的繁荣发展。宋元时期，浙江沿海航运业中的客运也非常发达，江河之上旅客往来比较方便。南宋乾道五年（1169），陆游被任命为通判夔州，坐船从越州出发，经浙东运河过萧山、杭州，然后沿江南运河经过秀州、苏州、真州，后逆流长江向西进入四川。另外，熙宁五年（1072），日本僧人成寻率弟子7人在杭州获准拜访天台国清寺后，就乘船从杭州出发，沿着浙东运河经过越州、曹娥，并逆曹娥江而上到达剡县，然后从陆路前往国清寺。与此同时，宋元时期的陆路交通系统已经非常完善，政府在浙江建立了大量驿道和驿馆，根据浙江地方志统计，北宋时期浙江有87个驿，27个馆及4个亭。南宋时期，经过多次裁革和重设，浙江仍有68个驿，27个馆和3个亭。元朝时的驿道略有减少，其中浙江境内有马站43个，马1740匹，步站1个，水站32个，船712条。

明清时期，浙江社会经济发展，商业活动频繁，大量货物和人员流动均通过水运交通路线。浙江沿海的水运交通路线以杭州为中心向全省扩展开来。杭州至绍兴、宁波、台州、温州的交通，除浙东南部分地区有些地段为山区，必须走陆路外，其余都是走水路。具体路线是：自杭州武林驿出发，向南25里至浙江水驿，渡浙江18里至萧山西兴驿，经50里至绍兴钱清驿，再50里至绍兴蓬莱驿，又80里至上虞东关驿，渡曹娥江10里后至上虞曹娥驿，再60里至余姚车厩驿，又60里至宁波四明驿，又120里至奉化连山驿。之后走陆路，经宁海西店驿、白峤驿、桑洲驿、三门朱家奥驿、台州临海赤城驿、黄岩丹崖驿、岭店驿、乐清窑奥岭驿、西皋驿，共535里，然后改走水路，经40里至乐清馆头驿，再60里到温州象浦驿。杭州至普陀山的水上交通路线是：从杭州启程至宁波后，出东大门到桃花渡上香船，经70里至镇海，然后出海过150里至舟山，再80里至沈家门，后过莲花洋、石牛港70里至普陀山。杭州至嘉兴府的水上交通路线是：从杭州武林驿出发，往北10里至北新关，折向东北100里至桐乡皂林驿，经80里至嘉兴西水驿。如果继续前行，往东120里经嘉善可到松江府，再往北可到上海市；往北经平望可到江苏的苏州、无锡、常州、镇江、扬州、南京等地。与水路交通相适应的是，到清朝末期，浙江邮驿道路有14771里，其中陆路和山路分别为9976里和1000里，主要的道路有：苏州至杭州260里（浙江境内里程），杭州至福州760里（浙江境内里程），杭州至宁波440里，睦州至温州685里，越州至婺州390里，越州至台州360里，明州至温州750里。

（二）晚清民国时期浙江沿海的内河航运

晚清以来，以宁波、台州、温州港口为节点，浙江内河与沿海的航运在公路与铁路交通的支持下大力发展起来。在近代轮船业兴起之后，大量外出旅客选择乘坐客轮往来于沿海城市，航运业由此逐渐发展并壮大起来。依托港口的内河与沿海航线可以使得内陆的货物与人员非常方便地通过港口船只转运到世界各地，而其他区域的到港货物与人员也可以经由港口顺利地转运到广阔的内陆市场。

宁波地处江南水乡，主要河流有甬江、姚江、奉化江，通称甬江水系。除此之外，还有经由姚江、曹娥江抵达绍兴、杭州的浙东运河为内河运输的主渠道，整个内河水系相当发达。早在明清时期，在浙江宁波港登陆的商人就经由浙东运河、京杭运河，通过内河水运从杭州直达南京、北京。在公路交通不算发达的古代，内河航运承担了大量人员与货物的转运与出口。民国时期，甬江水系自它山堰起，止于梅墟张家堰，全长49.5公里。其航道在低潮位时，吃水4米的轮船可以出入；高潮位时，吃水7米的轮船可以入口。从桃花渡往南至奉化西坞，向西北可至余姚，向东北至镇海。甬江航道干线共分为三段：第一段是兰江和惠江，分别从它山堰、三江口起，止于下王渡，可通帆船；第二段是芙蓉江、奉化江，分别起于下王渡、大滨桥，止于三江口，可通帆船和小轮船；第三段是鄞江、姚江、大浃江，鄞江起三江口止于横花渡，姚江起九里浦止于桃花渡，大浃江起桃花渡止于梅墟张家堰，可通小轮船。甬江内河航线支线包括兰江南支线2条、奉化江支线6条、鄞江支线6条、西乡河渠支线28条、东乡河渠支线35条。除此之外，还有大嵩港、南嵩河、西港等支线河流。甬江内河航道在清末就可通汽油船，民国时期开始出现汽轮拖驳。

宁波内河航运除甬江航道外，宁波下属各县还有大量的内河运输航道。鄞县境内的内河航运以鄞江为主，自奉化流入鄞县境内，沿岸经三江口、石碶等地，是鄞县与奉化、慈溪、镇海的主要交通航道，可通行汽船和帆船。鄞县境内航道除鄞江外，还有前塘河、后塘河、东中塘河、南塘河等，其往来船只有上百艘，主要轮船有"大通""大利""宁安"等20余艘。慈溪境内主要有章桥河、官河、前江、后江、大津浦、刻渚浦、鸡鸣浦等河流航道；奉化境内主要有县溪与剡溪河流航道；镇海境内主要有大浃江、小浃江、璎珞河、庐江、中大河、前大河、西大河等河流航道。这些河流航道上的轮船主要有"鄞奉"号、"新鸿庆"号、"顺安"号、"顺风"号等。南田境内有樊鹤河航道,由樊岙镇通向鹤浦镇。余姚境内有姚江、马渚横河、长冷港、大塘港、兰野港、东横河等河流航道,这些河流航道上的轮船主要有"新宁余"号、"镇新"号、"宁姚"号、"新同兴"号等。这些内河支线随着沿海港口功能的变化与经济的市场化,其功能也逐渐由物质资源利用向功能资源利用转变。

与宁波相比,台州的内河航运规模由于河流条件的限制则小了很多。台州海门港的内河航运主要包括椒江与温黄内河,内河中的小轮船以载客为主、货物为捎带,主要仍是内河木船集散。这一时期,海门港的大量货物都依靠水道集散运输,沿主河道椒江而上,过灵江、永安溪、始丰溪,可以深入到上游临海、天台、仙居等县。同时,外销货物也可顺江而下,通过海门港转运到其他沿海城市。台州内河航运与陆路交通构成了民国时期台州区域的主要交通网络。根据调查得知,1931年浙江临海主要水陆交通有10条,其中轮船航线5条。截至1937年,浙江台州的内河航线主要有:椒临线(椒江到临海)、椒黄线(椒江到黄岩)、黄济线(黄岩到潮济)、路太线(路桥到温岭)、路松线(路桥到松门)、椒松线(海门到松门)、椒路线(海门到路桥)、路黄线(路桥到黄岩)。往返于台州内河航线上的有上千艘木船,其中永安溪的运输木船最多时超过700艘,灵江支流永宁江的小木船也有近百艘,黄岩县内河民船就多达543艘,而兼营运输的红头对渔船多达1200对。

抗日战争全面爆发后,台州海门港被迫关闭,随着上海、宁波、温州的沦陷,海门港成为浙东唯一对外港口和联系大后方的通道。如台州的海盐由内河运输至海门港上游的三江口,经灵江到临海城,再溯永安溪至仙居,由仙居陆运内地。其后,尽管海门港内河航运由于日军的入侵而短暂停航,但其后航线仍有增加,包括:黄岩—临海线,全程60公里;江夏—

东山埠线，全程40公里；黄岩—坝头线，全程10公里；松门—坝头线，全程50公里；海门—前所渡，全程5公里；黄岩—海门线，全程30公里；海门—路桥线，全程15公里。截至1945年4月，海门港内河航线有椒临线、黄临线、椒黄线、黄潮线、路松线、路温线、路街线、温松线、江东线、海前渡、松坎线、椒路线12条航线。

温州港内河航运的历史由来已久，大量木帆船通过瓯江将港口与温州内陆连接起来。1906年，永瑞轮船公司开通第一条内河轮船航线，往来温州与瑞安之间。1910年温州至乐清内港航线开通。1926年温州至青田温溪航线开通。1928年温州至韩埠航线开通。1929年温州至乐清琯头航线开通。抗日战争全面爆发后，随着日军占领浙江沿海，温州内河航运被迫中断。战后温州港内河客运航线逐渐恢复，除了原有航线外，还增加了温州至楠溪江沿岸的上塘线。

抗战初期，浙江内河船舶数量相当可观。截至1938年，浙江省拥有各类内河木帆船达41625艘，内河汽轮船81艘，拖船141艘。在沿海公路、铁路及海运受到战争严重破坏的情况下，大量物资需要通过浙江的内河航运来进行中转。因此，抗战时期，浙江省政府投入了大量的精力来保证内河航运的畅通，以适应繁重的水上运输任务的需求。这些措施包括：增加渡口设施，疏浚内河航道与贷款修造内河船只。

（三）晚清民国时期浙江的近海航运

晚清民国时期，以现代轮船航运为主要载体，以宁波港为节点的近海航线达20余条，其中从宁波港出发的航线有16条之多，即：甬沪（上海）线、甬温（州）线、甬定（海）线、甬椒（海门）线、甬镇（海）线、甬象（山）线、甬宁（海）线、甬岱（山）线、甬沈（家门）线、甬穿

（山）线、甬普（陀）线、甬黄（岩）线、甬嵊（泗）线、甬石（浦）线、甬沥（港）线、甬衢（山）线。从宁波石浦港出发的航线有4条，即：石椒（海门）线、石温（州）线、石黄（岩）线、石甬（宁波）线。由穿山港出发的航线有5条，即：穿定（海）线、穿甬（宁波）线、穿沈（家门）线、穿定（海）申（上海）线、穿定（海）椒（海门）温（州）申（上海）线。由镇海港出发的航线有2条，即：镇甬（宁波）线、镇金（塘）线。

在如此众多的航线中，以宁波港始发的航线主要有2条：甬沪线和南方线。甬沪线：镇海口门外有虎蹲山和蛟门山，往东北为大、小游山。大游山之东、蛟门山之北有夏老太婆礁，是航道上一大障碍。再往北为大、小洋山（大洋山为定海水域界，小洋山为江苏水域界），又往北为小戢山、大戢山。甬沪线主要是连接宁波港到上海的客运航线。通过这条航线，宁波货物与人员通过轮船运往上海，再从上海港转运北方或换乘大型远洋轮船前往其他国家。甬沪线最早是由美籍旗昌洋行在1864年开通的近海客货运输航线，其后英籍轮船公司和中国轮船招商局先后加入该航线。1911年，在该航线运营的公司有国营轮船招商局、英国太古轮船公司及私人股份公司宁绍轮船公司3家。抗战前夕，往来该航线的轮船公司又增加了达兴轮船公司与三北轮埠轮船公司，这两个公司都是宁波商人投资运营的。这一时期往来甬沪航线的轮船有"新江天"轮、"新宁绍"轮、"新鸿兴"轮、"宁兴"轮和"新北京"轮5艘。抗日战争全面爆发后，该航线为外籍货轮控制。南方线：南方航线经过的主要水域有横水洋、旗头洋、莲花洋、黄它洋、胸山洋。旗头洋是进入象山港的门户。旗头山与定海的登步、桃花遥遥相对，构成口门，洋面宽阔，水深约20米到56米。再往南为六横岛。象山、六横两岛间为双屿港和佛肚岛。双屿港在通往石浦、海门、温州之航线上。佛肚以西为门子岛，亦在轮船航行之航线上。再往南为孝顺洋，即进入象山县境，水深约为8米到10米。再往南为乱礁洋（横盘洋）、大木洋（大睦洋），又西南即为石浦。南方线主要是从宁波出发前往椒江、海门、温州的航线。该航线最早开通于1877年，到1911年在航线上往来的轮船公司有中国商轮公司、永川商轮公司和定海商轮公司等4家公司的5艘轮船。1936年，营运甬温线的公司达到6家，共8艘轮船。在甬温线先开通的基础上，1896年甬椒线与甬台线先后开通。以上南方航线在抗日战争爆发后先后停航。

不过，尽管正常的客货运输由于战争的影响被迫停航，但在经济利益的刺激下，战时宁波往来上海的走私航线逐渐规模化。1937—1945年，甬沪走私航线主要有三条：第一条是从上海陆路前往乍浦，过钱塘江口到蟹浦，然后经内河航线转往宁波；第二条是由上海偷驶到象山石浦，再通过内河船只到达宁波；第三条是由上海偷渡到舟山岑港，然后由岑港转往穿山、柴桥。这一时期走私航线更多的是与陆路、内河航线相配合，利用宁波四通八达的内河与陆路交通完成货物与人员的走私。

作为浙江南北航线的中转站，台州海门港在晚清时期就已经有非常发达的帆船航运，而这些帆船运输直到民国时期仍旧发挥着重要的货运中转价值。在众多帆船中，载重1000担以上的大型帆船就达到100余艘。小型帆船主要北上到上海，江苏南通的云台山、姚港、银加港、天生港，扬州的仙女庙及浙江的乍浦港，以贩运木材为主；南下船只主要前往福州、兴化、厦门。台州海门港帆船，南航到瓯闽需要20余天，北驶到沪甬约10天。依照自然条件，船只一般每年出行两次，分别是：农历八月出港，十一月回港；农历正月出港，五月回港。

台州海门港的轮船运输始于1897年外海商轮局开通的椒甬线。1898年，台州本地商人创办越东轮船公司，开通海门至宁波的航线。1904年，日本"载阳丸"开通海门至上海的航线。次年，越东轮船公司的"永江"

轮开通椒沪航线。1908年，"永江"轮开通椒江至温州的航线。此后，上海与温州、宁波与温州之间的贸易货物均在海门港转口。截至1911年，行驶在海门港各航线上的轮船有椒甬线的"海门"轮、"永宁"轮、"永川"轮、"海宁"轮、"湖广"轮，椒沪线的"永利"轮、"可贵"轮、"平安"轮，甬椒瓯线上的"新海门"轮、"宝华"轮，总计3条航线，10艘轮船。1914年，沪椒瓯线开通，招商局的"普济"在该航线运营。此后，不但已开通航线运营轮船增加，随着沪椒泉（上海—泉州）航线的开通，上海—海门—兴化—泉州线也开始运营。除此之外，甬金（宁波—金清）线与沪瑞（上海—海门—瑞安）线先后开通。截至1937年，海门港外海航线有7条，分别是：椒沪线、黄椒沪线、沪椒瓯线、甬椒黄线、椒甬线、甬椒瓯线、海门—坎门—厦门线。其中航行于椒沪线上的"舟山"轮、"达兴"轮、"穿山"轮、"大华"轮四艘轮船兼停定海、穿山、石浦、黄岩等港，而航行于甬椒黄线上的"南海"号兼停镇海、定海、石浦港。海门港航线上的轮船共有15艘定期班轮，8艘不定期班轮。

自1876年《中英烟台条约》签订后，温州的大门被英国殖民者打开，原有的帆船航运逐步被现代轮船航运代替。早期温州港航线主要有温沪线（温州至上海）、温甬线（温州至宁波）、温椒线（温州至海门）和南洋线（温州至南方沿海各地航线）4条。1877年4月温州开埠，英国怡和洋行的"康克斯特"号货轮驶抵温州，标志着温沪航线的开通。此后，轮船招商局与英国怡和洋行从上海前往福州航线的轮船，各安排一艘停靠温州，以便上海货物与人员在温州的转运。此后，该航线主要由轮船招商局经营。1908年5月，台州航商经营的永宁轮船局开通了温州至海门的客货班轮航线。1914年，该航线改为温州至宁波直达航线，中间兼停海门。与此同时，中国及英国轮船公司曾短暂开通温州—福州—厦门航线和温州至香港航线。1907年，日本轮船公司开通温州前往台湾的商业航线。截至20世纪 20 年代，温州港常年固定航线主要有：温沪线、温椒甬线、南洋线 3 条。这一时期，经营温沪航线的轮船公司除了轮船招商局外，华丰、台州、鸿兴等轮船在 1924 年后陆续加入该航线的运营，逐渐打破了轮船招商局垄断温沪航线的局面。而随着温州港进出口贸易的发展，南洋航线的运输业务日益繁忙。截至 1933 年，南洋航线的轮船主要往来于温州—厦门—汕头航线，同时兼停其他小港，在这一航线上的轮船最多时达到 22 艘。除此之外，还有一些小型轮船开通了温州与附近沿海港口的航线，如"永环""运大"两艘小轮在 1924 年开通了温州至江夏、瑞安、古鳌头的短程航线。

二、浙江沿海人口流动与城镇变迁

人口流动是推动区域社会发展与城市化的重要动力，浙江沿海地区也不例外。受战争因素与人口压力的影响，浙江沿海地区的人口流动经历了从流入到流出的过程。秦汉与宋元时期，由于战争的影响，大量北方士族和军人主动或被动南迁至浙江沿海，最终融入当地社会，加快了浙江沿海人口的增长，推动了区域社会经济的发展。自明清以来，由于浙江沿海人口的增加与人均耕地面积的相对减少，在生计压力下，浙江沿海人口开始向其他区域流动，其中周边省份、浙江沿海岛屿，以及海外是人口流动的主要方向。浙江沿海人口的流入在推动区域城镇化的过程中起到了非常重要的作用，大大小小的市镇最终推动了浙江沿海经济的繁荣。浙江沿海人口的流出一方面加快了浙江沿海岛屿的开发进度，另一方面推动了宁绍商帮的商业网络从沿海延伸到内陆，从中国走向世界。

（一）古代时期浙江沿海人口流动与城镇变迁

先秦时期，浙江沿海区域是越人的主要生活区域。此后，在诸侯国争霸与秦始皇统一六国的背景下，浙江沿海的人口流动逐渐出现。秦汉时期，政府为了加强对浙江的管理，开始有组织地将北方人口迁入。这一时期浙江沿海的人口流动主要方式有：郡县官员的异地任职使得浙江沿海的部分官员由北方人担任；政府有组织地将其他区域人口迁徙到浙江沿海；朝廷分封到浙江沿海的功臣；因战争到浙江沿海避难。其中，政府有组织的人口迁徙对浙江沿海人口结构影响最大。秦汉时期，政府有组织地大规模人口移民有 4 次，分别是秦始皇东巡期间、汉武帝时期、西汉末年和东汉末年。秦始皇三十七年（前 210），政府迁徙罪犯到浙江沿海，同时在宁波、绍兴等地任命北方人担任郡县官员。汉武帝时期迁入浙江沿海的人口主要由两部分组成：中原地区被政府强制拆分的大姓宗族和黄河流域的灾民。其中仅迁徙到会稽郡的人口就有 14.5 万人之多。西汉末年和东汉末年，黄河流域发生大规模战乱，相比之下江南地区的稳定使得不少中原人口纷纷南迁。此外，浙江省内的人口也有不少迁徙到沿海区域，如东汉末年丹阳葛原习弃官游览到宁海一带就定居下来，之后其家族在椒江和瓯江流域之间移动。随着北方人口的南迁，原本在浙江沿海的居民也有不少迁移到海岛上。如秦始皇曾派兵到浙江沿海防止东海上的外越，可见当时浙江沿海岛屿上已有居民。就人口而言，浙江沿海的会稽郡在汉武帝时期有 223038 户，1032604 人，平均每平方公里只有 4.59 人，远低于河内郡的 80.84 人。不过值得注意的是，以上数字只是纳入政府管理的人口数据，秦汉时期浙江沿海还有大量位于偏远区域的居民，特别是生活在浙江沿海的越人并不在统计数据当中。浙江沿海的人口实际上要比官方统计的多。

　　秦汉时期浙江沿海的人口流动推动了杭州湾南岸及浙东沿海区域城镇的变迁。杭州湾南岸的山阴、上虞、余姚和句章等县市是东汉时期会稽郡聚落最密集的区域。秦汉时期山阴县的人口聚落随着人口的增加和生产力的发展逐渐向会稽山北的冲积扇地带迁移。至公元前6世纪末，山阴平原上的孤丘聚落陆续形成了。镜湖修建后，沿湖堤的高燥地带，形成了大批平原聚落，集中了从事闸堰管理、农业、水产业、运输业等行业的居民。此外，随着海运、制盐及军事的需要，山阴沿海区域的聚落也零星发展起来。位于曹娥江下游的上虞县沿着湖泊和曹娥江分布着大大小小的聚落，是会稽郡聚落发展最快、人口最密集的区域。沿县城向东北、东部、中部发展，聚落多选择在湖泊周边，分布在驿亭镇、五驿镇、小越镇、丰惠镇、梁湖镇、曹娥镇、章镇镇。另一部分聚落以窑业为主，沿着曹娥江向南发展，分布在上浦镇、汤浦镇。上虞县以东分布的余姚、句章、鄞、鄮等县，均是在众多聚落的基础上形成的，其中句章城是宁波的第一座城池，为县治所造。汉元鼎六年（前111），政府派遣横海将军韩说出句章海道，征讨东越。句章的聚落中心在四明山麓今鄞江—大隐一线，鄞县和鄮县的聚落中心分别在天台山脉的今横溪—白杜和宝幢—东吴一线，余姚县的聚落随着海岸线的北移，由沿山一带向北延伸到平原地带。椒江流域是秦汉时期浙南聚落最密集的区域，椒江北岸章安镇、涌泉镇至临海城区一线的聚落在汉朝都有所发展，其中章安镇是当时章安县治所在，人口最为密集。此外，三门湾一带的六鳌镇、亭旁镇及满山岛等处也分布着许多聚落。瓯江流域的聚落发展主要集中在瓯江北岸，即今永嘉县楠溪江下游，原东瓯王都城周围。东汉永建四年（129）以前，此为东瓯乡的中心点，是年建永宁县后，县治也在此处。此外，瓯江南岸、瓯江支流松阴溪流域和好溪流域的聚落也有一定的发展。

　　南宋时期是浙江沿海移民的又一个高峰期，靖康之乱及之后的南宋与金、蒙古的对峙，使得大批北方人口大规模南迁浙江。特别是南宋建都临安与绍兴和议期间迁入两浙的人口最多。建炎初期，大批皇室、官僚与士大夫南下两浙，其中以迁往临安、明州和越州的为多，但之后的金兵南下烧杀抢掠临安、明州等浙江沿海区域，导致南迁居民和当地土著人口减少了很多。此后，由于迁入人口阶层的变化及南宋政府对北方移民政策的变化，其时迁入浙江的北方人口逐渐减少。北方的社会上层在绍兴初年就已完成南迁，绍兴和议期间迁往浙江沿海的主要是曾在北方武装结伙的豪族、军队，以及依附于他们的平民。宋金和宋蒙战争期间，由于北方南迁人口经常反叛，故而政府安排北方移民远离两浙区域。开禧北伐后，随着军队的失利，江淮区域的居民随着败退的军队一起南迁，两浙成为移民的主要区域之一，不过这次移民的持续时间不长。之后，随着蒙古军队的南侵，四川、荆襄、淮南等南宋边境区域的居民为躲避战乱再次渡江南迁，其中一部人从镇江、常州进入湖州、临安、嘉兴及浙东沿海区域。与秦汉时期相比，大量北方居民的南迁及当地人口的自然增长使得两宋时期浙江的人口发展迅猛。北宋元丰三年（1080），政府统计两浙路有1778963户，3323699口。崇宁元年（1102），两浙路有1975041户，3767441口。绍兴二年（1132），两浙路有2122072户，3567800口。绍兴三十二年（1162），两浙路有2243548户，4327322口。

南宋时期北方居民南迁浙江及朝廷定都临安，使得临安成为这一时期全国最大的商业中心，出现了各种行业，包括以生活必需品为主的工商业、档次齐全的饮食业、以瓦子勾栏为主的娱乐服务业、租赁与四司六局服务业、占卜服务业。除临安外，浙江沿海其他城市的商业与市镇贸易也逐渐发展起来。作为浙江重要外贸港口城市之一的庆元府，其城市的商业也很发达。城内四处都有集市，每天开张，比较有名的有鄞县县衙之前的大市、小市，城外甬东厢的甬东市，城内的花行、竹行、鲞团、西上团、后团等专门市场。县城之外的市镇也有商业经济活动密集的区域，如奉化县的鲒埼镇靠近大海，往来商船、人口聚集成集市，于嘉定七年（1214）设镇。嘉兴府不仅海洋贸易有了相当发展，对内的商业也很繁荣。随着士大夫南迁，嘉兴县的魏塘镇、崇德县的青墩镇、海盐县的澉浦镇都先后发展起来。绍兴府的枫桥镇也因为市镇经济的发展最终升格为县。此外，绍兴还有大量密集的草市镇分布在镜湖附近，数量有30多个。

　　元朝灭宋战争期间，浙江沿海人口出现了一个流动的高峰期，一部分士大夫和军民转往福建、江西和广东等地继续抵抗元军，另一部分南宋官员在元军的胁迫下被迫迁往北方。另外，随着元军开始统治浙江，不少北方少数民族随着元军南下浙江，并定居下来。这种情形在当时的户口统计中有所体现。如元至大四年（1311）台州黄岩有户49291，其中北人户口数63，占0.13%，这里的北户指的就是从北方南迁的人口，其中就包括蒙古人和色目人。元朝时期在浙江的蒙古人和色目人，一部分军户是因为政府调令镇守浙江沿海最终定居下来的，如在大德八年（1304），政府派遣蒙古军300人镇守定海；另一部分是因贫困沦为汉人奴仆的蒙古人随主人南下迁往浙江的；此外，还有一部分在浙江沿海从事海洋贸易的商人，最终选择定居。作为元代对外贸易重要港口的庆元就居住着大量的外商和色目人，从当时宁波城内有两座清真寺可以推测当时在这里定居的色目人不在少数。相比隋唐时期，元代浙江的人口统计更加详细。至元二十七年（1290），杭州路有360850户，1834710人；嘉兴路有426656户，2245742人；庆元路有241457户，511113人；绍兴路有151234户，521588人；温州路有187403户，497848人；台州路有196415户，1003833人。

　　明清时期，浙江沿海人口逐渐增加，人口密集化的结果就是大量浙江沿海人口向外迁移，此外，海洋渔业、海洋贸易等经济活动成为浙江沿海居民生计的重要来源。这种现实因素使得明清时期的海禁政策在浙江的执行过程中会出现很多问题。因为人口压力大，明清时期浙江沿海人口的流动有三种趋势：一是向省外和海外移民；二是向省内新兴的城镇聚集；三是向本省尚未开发的区域移民。就浙江沿海区域而言，绍兴、宁波等府大量人口因为生计问题选择经商，宁绍商帮、绍兴师爷就是在这种情况下逐渐形成的。人口的外迁，使得宁绍商帮的商业活动随着人口的流动拓展到其他内陆省份及日本与东南亚地区。另一方面，人口的流动也推动了以城市为中心，周边市镇随着人口聚集逐渐繁荣的格局，不少市镇随着人口的增加逐渐改为县，如嘉兴平湖就在宣德五年（1430）由镇改为县。此外，沿海人口的增加也推动了浙江沿海岛屿的开发。明清时期的岛屿禁令在清代中期因为人口的增加最终被废除。乾隆末年，随着浙江人口的继续膨胀和福建居民的迁入，浙江沿海岛屿的开发开始加快，地方政府也逐步跟进推行保甲法令。在这种情况下，政府最终默认了沿海居民可以迁往岛屿居住的既成事实。乾隆五十九年（1794），除了几个容易被盗匪利用的岛屿外，其他大部分岛屿已得到政府的许可，全面放开，允许沿海渔民开发居住。至乾隆末年，浙江沿海有127个岛屿有常住人口，加上鱼汛期渔民临时使用的27个岛屿，占到浙江岛屿总数的27.45%。而到清代末期，浙江沿海有人居住的岛屿数量和人口已达到一个惊人的数字。据朱正元的统计，19世纪末，浙江沿海有人居住的岛屿有190余个，人数超过10万人，其中居住人口超过一千户的岛屿就有11个。

（二）晚清民国时期浙江沿海人口流动与城镇变迁

在晚清民国时期，浙江沿海的人口流动从流动范围来说，可以分为区域内流动与区域外流动两种，其流动频率不仅高于内陆地区，而且表现出明显的向通商口岸（如宁波、温州）与中心城镇（如台州海门）集聚的趋势，说明这一时期浙江沿海地区的城市化进程开始出现并有加快的趋势。经过太平天国战乱，浙江省的人口数量一度急剧减少，但经过战后的恢复与发展，到民国初期又成为一个人多地少的省份，甚至是全国人口密度最为严重的地区。据1928年浙江、江苏、安徽三省人口普查情况，浙江省的人口密度每平方公里有1557人之多，在全国仅次于江苏省的2267人，但由于江苏山地比浙江少，可耕地面积比浙江多，故浙江人口压力并不逊于江苏。就浙江全省来看，除传统的人口密集地区杭嘉湖外，宁台温等沿海地区又明显高于内陆地区。浙江沿海各县除宁海、象山、南田、永嘉四县外，人口密度均高于全省每平方公里17人的平均数，且其中多数县份高出一倍以上。显然，庞大的人口压力成为晚清民国时期浙江沿海人口流动的基本原因。而本区域与邻近地区城市化的发展及由此产生的大量就业机会则成为牵引人口流动的巨大推手。

浙东的重要商埠宁波在近代开埠后，特别是19世纪末以来，伴随着经济的持续繁荣与城市化的历程，宁波一地人口急剧增加，其中城区人口增加尤为迅速。1855—1912年间，鄞县人口（含宁波城区）从214531人增至650220人，即增加了435689人，57年间增长203.09%，年增长率为19.64%。民国后，宁波人口继续较快增长，不过增速有所减缓，1928年较1912年增加80202人，年增长率为7.30%，但人口城市化的速度却在加快。就宁波城厢而言，1912年宁波城厢共有人口146617人，至1928年时，则增至212518人，年增长率为23.47%。浙南重镇温州由于开埠较迟，加之偏处浙南一隅等原因，近代城市化的进程比宁波晚，但进入民国后，由于茶叶等出口贸易的兴盛，人口也呈快速增长态势。据1906年的《中国坤舆详志》记载，温州城人口为8万人。至1921年，根据海关调查，约为198300人。即在15年间，人口增加了147.88%，年增长率为62.39%。由此可见城市化在本区域的人口集聚作用相当明显。城市化在持续进行，其中增加的人口相当一部分是因为生活压力而从周边乡镇移居到城市中来的。其他诸如台州、绍兴等沿海城市的发展在这一时期也呈现出城市化进程加速的现象。

浙江沿海人口除了从农村向城市流动外，人口向域外的流动与集聚也持续展开。进入民国以后，浙江沿海各县人口外出数量明显增加，也高于同期内陆县份。这方面不仅素称交通便捷的宁波、嘉兴等地著称于时，而且台州、温州等号称交通闭塞之地也后来居上，持续进行。自1880年宁波海关对港口轮船进行统计之后，宁波港客运量从1880年的125874人次，增加到1900年的342740人次，短短20年间，宁波港各线客运人次增加了3倍。这一时期运送的外国人也从最初的578人次，增加到1056人次。在宁波港沿海航线中，往来于甬沪线的客运人次远超其他航线上的客运规模。以1900年为例，往返甬沪线的客运量有285664人次之多，而同期往返于甬温（州）线及甬台（州）线上的客运量仅2329人次和54744人次。1900年之后，宁波港客运量经过短时期停滞外，总体呈上升趋势。在中华民国建立的最初几年里，从宁波港出入的人次呈缓慢增长态势，而同期甬温航线、甬台航线往来人次的增长出现停滞。与之相比较，甬温线、镇海线往来人次出现负增长，尤其甬温航线，通过轮船海运的人数下降非常明显。而这一时期的内河航线与外国人往来数量增长了2倍左右。总体而言，甬沪线往来人数占宁波港进出港人数的60%。与宁波港往来旅客数量相比，温州港、台州港进出港旅客的数量则少了很多。不过与宁波港相类似，民国初期温州港进出旅客的规模仍旧没有太大的变化，而温州港的这种情况和其进出口贸易发展规模不大有很密切的关系。在进出旅客中，往来上海的占多数，其次为宁波，仅有少数旅客往来福州、厦门。与温州相比，台州港往来旅客的数量则要多上很多。截至1932年，台州港往来椒沪线的客运旅客数量为227552人次，往来椒甬航线的客运旅客数量为135044人次。与温州相类似，台州港往来旅客以往来上海的占绝对多数。抗战全面爆发后，浙江外海航线几乎全面中断，随着日军对宁波和温州的入侵，两港的内河航业也日益萎缩。与之形成鲜明对比的是，台州海门港内河水系在这一时期尽管面临军事威胁，航线时断时续，但在战争期间仍旧维持内河航线的客运活动，并且新开辟了一些内河航线。抗战后期台州海门港内河航运往来旅客数量增长势头明显，但总体的客运周转量呈现上下波动态势。

此外，浙江沿海人口的流动与迁徙还有一种方式，是由于海涂围垦与包括岛屿在内的沿海地区开发而产生对劳动力的需求，从而引起区域内外人口的集聚，乃至形成新的村落。如慈溪三北实际上是海涂围垦形成的，经过多年的淡化，三北东部一带形成大批可以耕作的田地，周边及温台一带的贫民纷纷来此拓荒、做长工或租地等而定居于此。另外，舟山嵊泗渔岛人口的来源构成广而且杂，大多由沿海各地迁居而来。其中基湖居民的祖先都是温台人；马关镇早年先后有宁波三北和象山、岱山一带渔民迁居来此；花鸟岛的渔民来自浙江黄岩。这一时期，福建居民移民宁波、舟山也相当普遍，以致在20世纪20年代，定海沈家门、象山石浦被称为闽籍侨民居留地。

与浙江沿海城市化进程相对应的是，在人口流动的推动下，浙江沿海城镇规模也在逐渐扩大，其中最有代表性的是定海沈家门。定海沈家门位于舟山群岛东南部，由舟山岛东南端及鲁家峙、马峙、小干岛组成。晚清民国时期，沈家门凭借其优良的避风港的优势，发展成为浙东渔产的重要集散处，在沈家门渔港经营水产行业的众多鱼栈促进了沈家门渔港的发展与繁荣。由于沈家门渔业资源丰富，前来该地作业的各地渔户云集，由此引发大量的社会治安问题。1935年初，浙江省政府决定在定海沈家门设立渔业警察所。此外，渔会等社会组织也纷纷在沈家门成立，以维护渔户利益，如渔业大县玉环渔会在沈家门设立了临时办事处，以保护该地玉环籍渔户的利益。由于沈家门所在的舟山岛四面环海，对外联系的交通主要依赖海路。早在20世纪20年代，沈家门与定海、岱山、嵊山之间就有固定的海上班船往来。1930年，定海至螺门的航线经过沈家门，岠山至黄龙四礁的宁五航线也停靠沈家门。之后，沈家门不仅与舟山岛内各地存在着密切的往来，同时还与宁波、上海、台州及温州保持了联系。到1936年，在甬沈线营运的共有7艘轮船。由于沈家门渔业交易数量大、金额多，加上沈家门一带海盗活动猖獗，所以金融安全显得尤为重要，这些因素催生了此地金融业的发展。沈家门中国银行并设于1922年11月，办理一般银行业务。同年，中国通商银行沈家门支行成立。1934年2月，定海交通银行自新行长张赞修接任后，力谋扩充营业，在沈家门设办事处一所。1934年4月12日，定海交通银行沈家门办事处开始营业，临时行址设在东街。1936年时，该地有大小钱庄16家，总资本31万元（法币），办理存放、汇兑的业务。

第二节　浙江沿海群体生活与文化交流

浙江沿海群体在长期的人口流动和逐渐融合中形成了与浙江内陆区域有所区别的生活方式，这种生活方式在沿海渔民的日常衣食住行当中体现得最为明显。浙江沿海渔民的构成除了本地渔民外，还有相当一部分是从福建沿海迁移过来的群体，这使得浙江沿海的渔民风俗中带有明显的闽台特征，其中妈祖信仰就是随着福建渔民北上浙江沿海而传入的。此外，浙江海洋文化沿着沿海贸易线路传入东北亚及东南亚区域，并随着西方旅行家的来访被欧洲熟知。

一、浙江沿海群体生活

浙江沿海居民以渔民和盐民为主，兼有从事海洋贸易的商人与船员，但后者在日常生活中具有两面性，在陆地与一般平民没有太大差别，在海上其习惯则与渔民趋同。因此，对浙江沿海群体的日常生活则更多地要从常年在海边及海上讨生活的渔民和盐民中去审视。渔民和盐民是浙江开发海洋生物与矿产资源最早的两个群体。浙江沿海渔民在衣食住行方面都打上了很深的海洋烙印，直到今天，我们对于浙江海洋文化和风俗的考察大多都是以海洋渔业为主的。盐民因为政府的管控，其生产、生活都受到严格的限制，地位不及普通农民。但因为盐民兼具有产业工人的性质，因此在走投无路之后往往会铤而走险，古代时期贩卖私盐的群体不少都是从盐民转变而来的。而民国时期政府盐政改革对盐民的剥削，也往往引起浙江盐民的反抗，其中以人数最多的余姚和岱山为代表。

（一）浙江沿海渔民生活

浙江沿海渔民的日常生活可以分为衣、食、住三个方面，与其他沿海省份渔民略有不同。

古代浙江沿海地处吴越之地，渔民的服饰较多受到吴越传统服饰影响。因此，渔民的服饰一直都比较简单、粗陋。普遍以大襟左衽的栲衫和大裤裆、大裤腿且前后裆处缀裥如网的拢裤，作为常年穿着。冬寒时节，渔民用长巾缠头，身穿栲汁浆染的赭色大襟衣，玄色长裤外再套加一条拢裤，脚穿土布鞋；盛夏酷暑，贫苦渔民则袒裸上体，或以家织的麻布染成青色，缝成衣裤，脚跂木屐。由于出海劳作不便重衣厚裹，为防御海浪沾濡，渔民只能身穿蓑衣、蒲草肘套和围裙进行保护，钓船舢板后手甚至赤脚踏在防水斗里。洞头渔民因大多时间在海上生活，衣着易被海水打湿而腐蚀，穿着寿命短，因此，为了耐穿，所穿的外衣都用栲胶染过，染成棕红色，俗称"栲衣"。在象山，昔日渔民所穿裤子也用栲胶或栲皮染过，染成酱色。裤子一般较短，但裤脚特肥大，穿起来好像提着两盏大灯笼，俗称"笼裤"。笼裤是渔民服饰中最有代表性与特点的服装式样。男子多穿笼裤，腰头另出，便于系扎，一般裤脚较短，裤筒较大。"笼裤"用土布制成，耐磨耐穿适合海上劳作，并且是直筒大裤脚，形似灯笼，裤腰宽松并左右开衩，开衩处缝有四条带子，束缚简便。沿海劳动妇女为了便于进行渔业劳作，裤子多是直通式，裤脚宽大而短，上衣多为直襟衫或右侧开襟外衣。冬季渔民在海上劳作时，常把棉被单往"笼裤"里塞来挡风抗寒。因"笼裤"裤裆宽大，也适合渔民进行灵活的海上劳作。

浙江沿海渔民所食食物，主要是米、豆、麦和薯等杂粮。岛屿渔民一般以红薯为主食，大米为辅。番薯收获季节，以番薯粥、番薯饭、烤番薯为主食。把新鲜的番薯刨丝晒干做成番薯丝干，在冬天的时候掺入一些大米做成番薯粥或番薯饭。菜肴大体上以自产的海味为主，如蟹、虾、海蜇，有时搭配荠菜、萝卜、冬瓜等。有时，渔家妇女腌制的小鱼、鱼肚、蟹酱，以及从海滩岩凹中采挖的海螺、藤壶也被充作菜肴。海蜇、咸菜用缸腌制，储存为常年菜肴。虾皮、蟹糊、蟹酱也是主要菜肴。经过腌制的蟹有呛蟹、蟹股、蟹酱、蟹糊、盐蟹等。还有利用酒糟制作的糟鱼、醉虾。浙南沿海渔民喜欢吃鳗鲞和鲨鱼鲞，并用鱼肉做成鱼面、鱼圆、鱼饼、鱼皮馄饨、鱼卷及辣螺酱。舟山沿海小岛每到婚丧嫁娶时，芋艿是席面必备的主菜。在席面上，吃鱼是不能翻身的。渔民在吃鱼的时候，除了带鱼、鳗鱼等比较长的鱼，其他鱼类一般都是仅去掉其内脏而保留全鱼。当一面鱼体的肉被吃干净后，不能用筷子夹住鱼体翻身。一般都是从鱼的骨架缝隙间将筷子伸进去，拨拉出下面的鱼肉。其次，羹匙不能背朝上放。这是因为羹匙形状像船，渔家最忌讳翻船之类的现象，因而羹匙倒置会让人联想到翻船。再次，筷子不能横搁到碗上，因为这样近似渔船触礁搁浅。渔民海上捕捞航行，船只触礁搁浅是最忌讳的事情。

渔民要常年在海上捕鱼，经受海风海浪及大寒冰冻天气，因此喝酒成为其日常饮食的一部分。渔业生产过后，渔民都会喝上一碗热腾腾的本地米酒，也可冲上鸡蛋，叫"酒冲蛋"，甜甜的，既爽口又滋补。出海的渔民则不满足于这些温性酒，更酷爱烈酒，特别是需要下海采摘淡菜之前，都要喝几口白酒。"枪毙烧"酒是奉化、象山一带渔民的最爱,这种酒有60度。此外,酒在浙江沿海渔民的祭祀仪式中也发挥着重要作用,祭海神酒就是其中一种。祭海神酒又分为开洋酒和谢洋酒。每逢鱼汛的第一天出海之前,渔民都要聚集港湾滩头,举行祭海神仪式。仪式结束后,渔民在海滩上大碗大碗地饮酒,以壮开洋征海的胆识,称为"开洋酒"。"谢洋酒"则是渔民为庆贺鱼汛丰收,感谢海神庇佑而在海滩上举行的祭海神仪式。此外,还有渔民在新造渔船上祈求吉祥、平安的喜庆酒。

浙江沿海渔民出于增强联系、共同防御自然灾害的需要,一般选择在海岸滩岙就势建筑,聚居成村。当时各渔村分布零散、相距遥远的现实,决定了渔民之间不可能结成大规模的生产协作关系。因此,无论出海捕鱼,还是经营水产品加工、购销,大多是由同一个居住区域内或相邻渔村的渔民完成的。渔民修造房屋,通常遵照传统的背阴向阳的居住习惯,采用梁柱式结构。造屋时,一般都请风水先生用罗盘选择地段和方向,再请阴阳先生挑选吉时。房子破土、上梁的时候都需要设祭享神。浙江沿海渔民的房屋地基一般都选择建在海边,除了躲避高山中野兽的袭击外,还便于在海水退潮后进行滩涂采集。而居住在海岛上的渔民对房屋地基的选择恰恰相反,一般都选择在海岛远离海湾和海口的山坳处。此外,海岛渔民会依山修筑房屋,充分利用天然空间。如浙南洞头、浙北嵊泗等小岛上渔民的房屋就像重庆山城一样层层登高。海岛因为风大、雾多、潮气重,因此岛上渔民的住宅一般都以石壁矮墙茅屋为主。屋顶用野生茅柴或稻草覆盖,并用石块压住屋脊,用草绳网罩屋顶,以防止大风揭起。房屋的墙壁大多使用光洁坚硬的花岗石块筑成,块块方石垒墙而成。石块中的缝隙用沙灰粘连,十分牢固。不仅墙壁如此,地板、门窗、窗架,甚至连屋顶的盖板都是用条石制成的。之所以如此,一方面是因为海岛多石头,便于就地取材,省力省钱;另一方面是坚固的石头能抵挡台风和暴雨,防止潮湿和腐蚀。海岛上最早出现的房屋是供出海渔民加工鱼虾或短期休息而临时搭建的草棚。之后，海岛上渔民的房屋大多是茅草房，且为长期居住的建筑。房屋外形类似金字塔，脊高墙低门墙矮，外墙习惯用黑色涂料。屋架和梁柱一般都习惯用网竹或木头，有的屋主在草房四周筑围墙，大门入口处建造有瓦墙台门。

在娱乐方面，渔民出海风险巨大，因此渔民大多缺乏进取心，没有储蓄的观念。浙江沿海渔民的娱乐，也仅限于在鱼汛旺季，聚众赌博喝酒，任意挥霍。渔民受教育程度不高，文化水平低下，而文化水平不高，则修养不高，因此极易沾染恶习。渔民普遍习性恶劣，在此方面，浙江沿海各地渔民普遍相同。例如，镇海渔民在渔隙之时，多沉湎于酒，或从事赌博。咸祥渔民，其大莆船每年上半年往岱山捕大黄鱼，下半年则在象山港附近捕鲥鱼。因此，咸祥渔民在海上的时间较多，与家庭之关系甚少，家庭观念十分淡薄，尤其以无妻室子女之渔民为甚。此类渔民每到鱼汛期，一有收入，就烟、酒、嫖、赌无所不至。且该地渔民颇有"今朝有酒今朝醉"的倾向，稍有收入就全部挥霍掉了。

在习俗方面，浙江沿海渔民有自己的信仰。以玉环渔民为例，他们讲究船祭，在渔船上设"天后妈祖"神位，奉其为保护神，早晚进行祝祷，请求庇护。浙江沿海渔民在婚丧嫁娶、岁时等方面的习俗，基本与渔业生产有关。渔民把渔船看成自己的伙伴、赖以生存的依靠。因此，围绕渔船，浙江沿海渔民形成了很多独特的风俗。

渔船又叫"木龙"，开工建造之前，要选择良辰吉时，用三牲福礼敬请天地神灵，向大木师傅敬酒，送"银包钿"。新船龙骨定位的时候要披红挂彩，渔船造好后要画眼，不画睛。渔船下水前，船主请人选择黄道吉日，随着敲锣打鼓放鞭炮的响声，亲自为新船点睛，这标志着一个新的生灵诞生了。渔民海上捕鱼风险极大，他们相信渔船上的眼睛不仅可以关注到风云变化，还能知道海里鱼群的动向。因此，渔船的眼睛在渔民眼里有很高的地位，不仅制作用料来不得丝毫差池，而且船眼睛根据船只大小制作定型后，不是说钉上便可钉上的，要讲阴阳五行，还要请算命先生或去庙里选择时辰。渔船下水前，渔民们都要将其精心打扮一番。在船头涂上红、黑、白三种颜色，再用红、黄、蓝、白、黑五色彩布披挂起来。新船下水时，由身强力壮、父母双全的几十名青壮年披红戴绿，敲锣打鼓，鞭炮齐鸣，在热闹非凡的气氛中将船推入海中，俗称"赴水"，谐音"富庶"，以示吉利。

渔船首次出海的时候，要把渔网放在船头，撒糖，用一只尚未生蛋的母鸡祭祀"网神"。第一次下网时，要放鞭炮三响，并烧"纸马"抛入海中，起网后拣两条大鱼祭祀"网神"。此外，渔船吃海前还要进行盛大的海祭。每一鱼汛在第一次开洋前，都用猪头等在船上供奉，并在船上祭告神祇，祭神的时候要烧化疏牒，称为"行文书"。供祭后，将一杯酒和少许碎肉抛入海中，叫作"酬游魂"，以此祈祷渔船出海生产，顺风顺水，一路平安。鱼汛结束后，用猪头等祭品谢龙王，俗称"谢洋"。祭海这天，船上众人不许吵嘴，不许讲不吉利话，否则要处罚。此外，渔民出海前，习惯用点烛、焚香的风俗来测试风力和风向。渔民在船上点燃蜡烛，如果蜡烛吹灭，就是风大不能开航；如果烛火倾斜不灭，就是风力在可以出海的范围内。渔船出港后，船老大在船舱里点起清香三支，用来辨别风向变化和计算航行时间。

渔船到达渔场下网的时候要让位于先到的渔船，航行的时候要让位于已抛锚的渔船。起网的时候一般要唱拉网号子，这样作业才能步调一致。渔船遇险的时候，要在船头显眼的地方倒插一把扫帚，然后在桅顶挂起破衣。如果是在晚上则要点起火把，或敲打面盆和铁锅，以便引起周围渔船的注意。当救护船靠拢遇险船只的时候，先抛缆救人，然后带缆拖船。遇险者跳船或者跳岛礁的时候，要先把鞋子、柴爿丢过去，然后再跳过去，以示避邪。海上碰到浮尸，如果碰到面朝天的女尸或者伏着的男尸都不能捞，要等待海浪将尸体翻过身后才能捞上来。捞尸体的时候，要用镶边的篷布蒙住船眼睛，以避"邪气"。此外，渔民在船上还有很多其他比较忌讳的习俗。如不许双脚荡出船舷外，以免被水鬼拖入海中；不许手捧双脚，头搁膝盖类似哭啼的样子，不吉利；不许船上吹口哨，以免惊动龙王招来风浪；不许拍手，象征两手空空，无鱼可捕；不许船头撒尿，侮辱神祇；不许妇女上渔船，更忌讳妇女跨越船头，冲犯船神。

（二）浙江沿海盐民生活

古代浙江的盐民都有专门的盐业户籍，自由受到限制。唐乾元元年（758），盐铁使第五琦榷盐专卖，将煮盐民户编为盐户。盐户可以免除一般徭役，专门从事盐业生产，终身煮盐，子孙相继。宋代盐民不能改籍转业，不能投身军伍，不能经营其他产业，不能购买产业，不能擅自迁往其他地方，失去基本的人身自由，形同囚徒。元代对盐户的管理更为严格，明清时期逐渐放松。民国时期，盐户不再有法定专籍，制盐人只须申请制盐许可，经政府批准确认其盐工身份后，便可从事晒盐。盐工可以停业或转业，无强制性规定。浙江的海岛及沿海地区均属产盐区，盐民众多。据统计，南宋祥兴元年（1278），浙江有盐民 17000 户。明万历二十六年（1598），浙江有盐民 16297 户，235037 人。1914 年，浙江有盐民 17049 户，85472 人。1949 年，浙江有盐民 35284 户，192994 人。

历代沦为劳役贱民的盐民在官府的胁迫压榨下，终年劳作仍难以养家糊口。不仅如此，两宋时期官府还常常拖欠盐本。绍兴十五年（1145），仅秀州场就积欠灶户盐本 19.7 万余缗。元代也通过不断增加盐引的方式压榨灶户。明代灶户贫富分化，荡地兼并非常严重，许多贫苦的灶户沦为富裕灶户的佣工。清代浙江沿海灶户屡遭天灾战祸。明清初期，政府将沿海居民内迁，灶户也属于被迁范围，许多灶户流离失所。民国时期，尽管盐民盐户不再列入专籍，盐民可以兼事农业或其他行业，然而多数盐户的生活仍在贫困中挣扎。在盐区内，盐民们的日常消费品，大都由盐商顺便带进去，在盐区内公开售卖，但是价钱昂贵，往往要较市价贵上一半。高利贷的剥削，更使得盐民的经济日趋支绌。余姚盐场的高利贷，每月利息超过20%。此外，盐民绝大部分未受过教育，识字者很少，迷信的观念也深入人心。

盐民的生产，多以租佃（佃盐）的方式进行，自有灰溜者较少。佃盐的纳租方法，可分两种：第一种是租晒，业主将灰溜租给佃盐，一只灰溜，每年纳租金自70至170元不等，视灰溜大小而定，一次纳足；第二种是分晒，业主放租灰溜于盐民，所产盐量，业佃均分，至于一切人工费用，悉由盐民负担，业主则负责纳税的义务。浙江沿海盐民大多以穷苦人居多，采用租晒的很多，大多数的盐民都以分晒的方式进行生产，其中像山玉泉、长亭二盐场用分晒方式的占到佃户总数的70%以上。盐民生产出来的食盐不能直接将制品销售外地，否则即为"私盐"，会受严厉查处。有时盐商因销路不畅，停止进货，盐民生活即发生恐慌，在迫不得已的情况下，或损价求售，或铤而走险贩卖私盐。民国时期，浙江盐政部门多次改革盐法，意图提高食盐产量，增加盐税，但在实施的时候没有考虑到盐民的利益，多次引发盐民动乱，这多发生在盐民较多的余姚、岱山区域。

余姚是浙江海洋盐业生产的主要区域，作为民国时期浙江最大的盐场，盐民数量一度达到近2万人，超过浙江盐民总数的一半。与浙江其他盐场一样，余姚盐民的生产条件十分恶劣。而盐场场长、廒商、篷长通过拖延结付盐款、剥削箩洋、私制重称等形式对盐民大肆压榨。在生活压迫下，余姚盐民经常发生抗盐活动。1924年7月23日，余姚盐民集结庵东，捣毁秤放总局。1927年3月22日，余姚庵东盐民公审盐霸高锦泰，提出取消篷长制度、取消"洋尾巴"、取消赔税制度、收盐要按时付款、斤两按实计算5项要求。1935年，尽管余姚盐场早已实行废煎改晒，但由于生产数额的增加，尤其是人工费、手续费和税费的增加，制盐成本不仅没有下降，还增加到每百斤1.48元。但在1935年春，浙江食盐收购价仅为0.81元。因为盐价为官府所定，不能轻易改变。这就意味着，盐民卖的盐越多，亏损越严重。与此同时，中间费用居高不下，致使大量私盐外流，抢占官盐销售市场。尽管官盐价格已经很低，但是由于私盐盛行，廒商所收购食盐销路也受到影响。4月，浙东、浙西两大廒商联合起来在杭州组建盐商协会，垄断压低食盐收购价，使得原本已经很低的食盐收购价降到每担0.62元。这一做法引起余姚、岱山近十万盐民的极大反响。国民政府当局也一再调解，将食盐收购价格上调至每担0.8元，并由盐场备案。不料其后各大廒商对政府这一政令阳奉阴违，先是以资金不足为借口，对所收食盐进行赊欠，其后更是以市面不景气、资金周转不灵为由停收食盐。政府多方交涉，仍没有结果。与此同时，盐民推举代表向省政府请愿，希望能给予救济。对于廒商的这种行为，政府所做的就是以两浙盐运使的名义向上海和杭州等地银行进行借款，以缓解资金周转。截至8月20日，浙江盐商已向银行借款超过120万元，但是盐商对盐场盐民的食盐收购仍没有开始。对此，余姚七区盐民代表沈成钊等人发电报向政府告急，指出余姚各盐场盐民生计已非常艰难，如没有政府接济，则会酿成大祸。在盐民恐生变化的压力下，浙江盐业管理部门于9月28日召集各盐场盐民代表，并邀请盐商、盐业合作社等在上海进行协商。但由于双方有分歧，最终没有结果。盐民代表随后前往杭州向两浙盐运署请愿。经盐运使周宗华协调，廒商答应按照官盐价格的六折收盐，盐民代表勉强接受。尽管余姚廒商以六折开始收盐，但余姚盐民在生计压迫下已经爆发。盐民虽经迭次电陈省府，但杳无音讯。余姚场盐民被迫于9月21日推派代表70余人上省请愿，虽经盐运使与省府派员组织廒商会商，但仍无结果。10月2日，余姚朗霞乡盐民2000余人集体到该乡乡公所请愿，并到保长办事处乞讨，直到乡长给每人点心及铜圆10枚后，人群才散去。尽管在地方政府的压制下，盐民乱潮暂时退去。但是余姚盐民的问题并没有得到解决。两浙盐运署协调廒商六折收盐的做法遭到余姚盐民的反对。10月16日，余姚聚集5000多名盐民冲入大云、潭海两乡捣毁浙东公廒，并抢掠当地殷实之家。当地县政府被迫派警察进行镇压。10月26日，又有两三千盐民将杨万利盐仓拆倒，火烧盐包，并捣毁杭余、崇海两地公廒。在政府的不作为下，余姚很多户盐民生活日益艰难。下马路盐民马广顺及其儿女在1936年3月4日饿死，而这种情形还在余姚蔓延。由于生活压迫，余姚盐民纷纷捣毁盐仓，抢掠地方大户。3月22日上午，余姚200余名盐民到中区魏永顺家吃大户。其后，廒商、盐民与政府多次拉锯，均没有达成有效的协议。直到岱山盐民因盐政改革酿成暴动后，余姚廒商最终答应按照官定价格十足收盐。

1936年，国民政府盐务总署为防止渔盐冒充食盐，遂在岱山采取渔盐变色措施，颁布《渔业用盐章程》及其附属《渔业用盐变色变味办法》，同时推行归堆制度。由于该政策在具体实施过程中并未考虑到实际情况，给渔民造成很大负担，遭当地渔民和盐民强烈反对。往年渔民购买渔盐，每道盐引只收4元，每一船户领引一道，即可购买一个季度的渔盐，不用另行交费。而自1936年开始，税警局规定，每道盐引只能购盐十担，约1300斤。而普通渔船每个季度需要用渔盐7000—8000斤，大的渔船所需要的渔盐还要远超这个数字。这就意味着每艘渔船每个季度要多交引费20多元。而因渔获不多没有用完额定渔盐的渔民则需要向秤放局过秤纳税，否则以走私论处。正因此，大量渔民被岱山税警处罚。另外，岱山秤放局只在每天的上午8点到下午4点上班，这就意味着晚上及半夜开到的渔船只能等到第二天才能领到渔盐。这对于渔民来讲很容易错过鱼汛，影响渔获。最终，在种种因素影响下，岱山渔民、盐民与税警的矛盾激化，酿成暴动。7月10日，岱山为了生计的渔、盐民在资福寺盐业信用合作社召集开会，以激烈的言辞反对归堆。7月11日，岱山部分盐场盐民罢晒。7月12日，盐民黄葆仁因仍晒盐导致盐板被罢晒盐民捣毁。同日，罢晒盐民将劝解的李仁富拖往东岳宫吊打，在乡长黄恭口报警后才被公安局救出。7月13日下午，岱山罢晒盐民在东岳宫召集渔首，纠合盐民，扩大开会。当天，愤怒的渔民焚毁秤放局及场公署，击毙岱山场场长兼秤放局局长缪光、职员钱甸和、税警队长胡不归等人。当天，参与暴动的岱山渔盐民有数千人，盐务人员被杀9人，重伤3人。岱山渔民、盐民方面，也死伤多人。事后，盐务当局调集盐警意图镇压，嗣因事件重大，引起各方关注。宁波、定海旅沪同乡会及虞洽卿、刘鸿生等人纷纷电询浙江省政府，要求妥善处理。在各方压力下，浙江官方各级政府均反对事态扩大，要求盐务当局慎重处理。经地方政府劝解，岱山秩序于7月15日得以恢复。7月18日，盐民开始恢复晒盐。

岱山盐民暴动是浙江盐民抗拒改革的一个典型案例，缘起于国民政府在浙江岱山推行建仓归堆和海盐变色等办法的实行不当，影响了盐民的生计，引发盐民和渔民的联合反对。对于这一矛盾，如果官方能实时体察民情，就可以妥善处理使暴动得以避免。结果因为税警滥用职权，导致对抗演变成为暴动。事后，宁波地方团体纷纷对盐民和渔民的行为表示同情，并专电蒋介石，为岱山渔、盐民求情。最后，岱山盐务局被迫暂停海盐变色和产盐归堆制度。1937年初，宁波同乡会施压，要求岱山停止海盐变色制度。最终，两浙盐运使拟定6项改善盐斤归堆和海盐变色的办法，对以往不合理的地方做了改正。该事件也说明，岱山盐民和渔民对盐政改革的反对并不是出于其缺乏知识，无理取闹，而是地方政府在盐政改革过程中因政策执行偏差严重损害了渔、盐民的利益。

二、浙江海洋文化交流

浙江海洋文化的对外交流是随着浙江沿海贸易活动的扩展和海洋移民的拓展开始的，其空间变化上呈现先近后远的态势。按照浙江海洋文化交流的范围可分为浙江海洋文化与亚洲海洋国家的交流及与欧美国家的交流两个阶段。早在吴越春秋时期，浙江海洋文化就开始向中国台湾、日本及朝鲜半岛辐射，唐宋时期浙江海洋文化的对外交流随着海洋贸易的开展沿着海洋航线拓展到东南亚和印度半岛。元朝时期，随着国家海洋政策的开放，不仅大批浙江沿海士人前往海外推广浙江海洋文化，同时也有大量欧洲旅行家来到浙江沿海。中西海洋文化的交流和融合在明朝中后期形成一片繁荣景象，直到清代中期随着国家海洋政策的收缩才被打破。尽管如此，西方国家对浙江海洋文化的认知逐渐清晰，浙江海洋文化在东北亚地区的传播也仍在持续当中。晚清民国时期，随着浙江大批留学生的外派和沿海港口的开放，浙江海洋文化与世界其他区域的交流更加频繁。

（一）唐宋时期浙江海洋文化交流

浙江与周边区域的海洋文化交流可以追溯到7000年前的河姆渡时期。根据考古发现，河姆渡文化随着时间的推移逐渐东进。凭借原始的海上交通工具，它跨海东渡到达舟山群岛、中国台湾，以及日本。之后的吴越春秋时期，由于战乱，浙江沿海越人迁徙到中国台湾、澎湖列岛及日本，带去了中国先进的耕作方式。随着吴越人民迁往台湾地区，对当地的文化发展产生了重大影响。三国时期沈莹撰写的《临海水土志》不仅是我国古籍中记载中国台湾最详细、最宝贵的文字，不少内容也涉及台湾地区和吴越文化的渊源关系。如今台湾高山族的很多风俗就与古越人相类似，如断发文身、干栏式建筑、蛇图腾等。

隋唐时期，随着海洋科技的进步和海上航线的开通，浙江与周边国家，特别是日本的文化交流日益密切。这一时期，日本官方派出的遣唐使前往中国学习先进文化，相当一部分使团是从浙江宁波登陆或返航的。唐代，中日之间已开辟出日本九州到扬州、越州和明州等地的直通航线。新航线的开辟极大地促进了中日之间的文化交流，明州也逐渐成为中日经济文化交流的重要中转站。从7世纪初唐朝建立，到9世纪末的260余年时间中，日本为了学习中国文化，曾13次派出遣唐使团来唐朝贡，其中明州作为中日航线的重要中转站，遣唐使多次在此登陆和返航，主要有：唐显庆四年（659）七月，日本第4次遣唐使从日本出发，其中副使津守吉祥的第二船驶到越州鄞县（当时还未建明州），这是遣唐使首次在明州登陆；公元752年、753年，第10次遣唐使藤原清河，副使大伴古麻吕、吉备真备来华，其中第二、三、四船在明州登岸；贞元二十年（804）九月，第12次遣唐使藤原葛野麻吕、副使石川道益等100多人至明州登陆，次年从明州鄞县东渡返回日本；开成三年（838）第13次遣唐藤原常嗣、副使小野篁等270人到达明州，并受到明州政府的接待。

在遣唐使来华时期，明州对遣唐使活动的开展，对促进日本社会的进步起到了重要的作用。一些到过明州的遣唐使、留学生和学问僧把学到的制度、学术和宗教带回日本，加工携回的物品，给日本社会文化带来很大影响。同时遣唐使的到来，使得明州、台州一带的佛法得到更加广泛的交流。当时的遣唐使团中，学问僧人数远远超过留学生，他们纷纷到东南佛教圣地浙东求法留学。贞元二十年（804），日本天台宗创始者最澄随第12次遣唐使到达明州，后往天台山受学天台教义，获《法华经》籍128部345卷，回国后在比叡山正式创设天台宗。最澄在明州、台州、越州求法巡礼的事迹是中日佛教交流史上的佳话，他在明州、台州、越州传教的事迹被广为称赞并流传至今。他当年使用的明州牒、台州牒存留至今。由于天台山接近明州，当时遣唐使中的僧侣往返大多选择通过明州，从而在明州留下了不少中日僧侣友好交流的轶事。隋唐时期，除大量日本官派人员前往中国学习外，相当多的中国学者也从浙江起航前往日本，其中最有名的就是鉴真。鉴真东渡传法，不仅给日本带去了新的佛教理念，而且还传播了唐朝的建筑、雕塑、医药等知识，其中也包括了明州的工艺技术。同时，他在宁波期间，多次到会稽、余杭、吴兴、宣城等周边地区传播佛法，促进了宁波佛教的发展与对外传播。

两宋时期，浙江与周边国家的海洋文化交流由日本扩展到朝鲜。早在北宋建隆四年（963）春，王建建立的高丽王朝就与北宋建立了正式的外交关系。虽然，双方的官方交往因受东北亚局势的影响而时断时续，但是，基于相似或相近的政治和文化制度，双方在交往期间均十分重视维护传统的友好关系。当时，因契丹在东北建立辽国，宋丽之间的陆路交通被切断，两国间主要通过海上航路交往。受季风影响，高丽赴宋，通常走南、北两条航线：北航线从朝鲜半岛西海岸礼成江出航，抵达山东半岛北岸的登州或莱州；南航线从朝鲜半岛西海岸出发，抵达长江下游地区的扬州或明州。宋初，北航线是宋丽官方往来的通道，高丽使者来宋朝贡，多在登州或莱州登陆，再改由陆路前往开封。这是因为，北航线远比南航线便捷得多，如风潮顺向，整个海上航程仅需3天。直到熙宁七年（1074），高丽国王派使者金良鉴来宋，提出改由明州登陆的要求，宋廷同意，自此，明州港成为宋丽官方交流的唯一通道。

宣和五年（1123），因高丽国王（睿宗）去世，宋徽宗便以"祭奠吊慰"之名，诏令给事中路允迪、中书舍人傅墨卿充国信使副，率使团出访高丽。使团船队由"鼎新利涉怀远康济""循流安逸通济"两艘神舟和6艘客舟组成，于五月十六日从明州东渡门出发，十九日到达定海县，二十四日经定海放洋，经由白水洋、黄水洋、黑水洋到黑山（今济州岛附近），转道经过横屿、富用山（今元山岛）、唐人岛、中心屿（今龙游岛）等地，在经历种种艰难险阻后，于六月十二日抵达朝鲜半岛礼成江口，六月十三日进入高丽王城。在完成出使任务后，使团一行于七月十五日从高丽启程沿原路回国，因风向不顺，多次遇险，至八月二十七日才抵达定海县。此次访问结束后，随团人员徐兢写下《宣和奉使高丽图经》40卷，书中详细记录了从宋代定海县到高丽礼成港的航线，涵盖了沿途水道、大小岛屿、暗礁、气候变化等内容，同时对高丽的山川、风俗、典章、制度，以及接待之仪文，往来之道路，无不详载，成为研究古朝鲜史和宋代与朝鲜半岛交流史的宝贵文献。

两宋时期，浙江与日本的海洋文化交流主要集中在佛教领域。北宋时期，日本高僧奝然于宋太宗太平兴国八年（983）八月，率弟子成算、嘉因等6人搭乘宋朝商人陈仁爽、徐仁满等回国的船只在台州登陆。次年三月，由台州使者陪同到汴京谒见宋太宗。985年，奝然一行仍由台州随商人船只回国。此后，有多位日本僧人前往浙江沿海，其中比较有名的日本僧人有道远。道元（1200—1253），俗姓源，京都人，内大臣久我通亲之子。幼年出家，十三岁时于比叡山习显密之教。次年，于延历寺受菩萨戒，法名"佛法房道元"。十五岁入法然门下。十八岁入建仁寺从荣西研习禅宗。南宋嘉定十六年（1223）三月，二十四岁的道元与师兄明全一起从博多搭商船启程入宋。传说道元在宁波三江口码头滞留期间，一日邂逅阿育王寺老典座（伙头僧）来到江下码头，登上道元所乘的船舶购买香菰，道元与老典座一番问答之后，劝老典座放弃寺内炊事杂务，一心参禅悟道，典座问道元："何谓'辩道'？何谓'文字'？"道元一时语塞。后来，道元挂锡天童寺，老典座前来相见，道元请老典座解说"文字"之义，典座答道："一二三四五。"道元再问"辩道"何解，典座答曰："遍界不曾藏。"老典座对文字和辩道至简至朴的诠释让道元顿感醍醐灌顶。典座教训是中日佛教交流的一段佳话，情节简单却内涵丰富。拜别老典座后，道元前往天童寺拜谒住持了然禅师，一年后了然圆寂，道元外出游历江南佛寺的五山十刹。他听闻如净禅师佛法高深，又重新回到天童寺拜其为师。如净是宋代佛教曹洞宗的高僧，十九岁出家，先后历任建康清凉寺、台州黄岩净土寺、杭州净慈寺、明州瑞岩寺住持。如净十分欣赏道元在佛、禅上的悟性，两人十分投机。同时，道元也十分赞同如净认为参禅者只管打坐，不用烧香、礼拜、念佛、修忏、看经，亦能相见佛祖的观点。道元在如净禅师的门下受益良多，学成后，如净赠予他袈裟、《宝镜三昧》、《五位显诀》及自赞顶相。宝庆三年（1227）秋，道元携明全遗骨及曹洞宗始祖洞山所著《宝镜三昧》《五位显法》归国，先住九洲兴圣宝林寺，旋住建仁寺，后往山城深草兴圣寺。在兴圣寺住10余年后，迁居越前。在越前，他得到了波多野义重的支持和布施，建大佛寺，后改名永平寺，以志祖庭。其禅林仪轨制，一依天童。道元的禅法，直接继承了曹洞宗天童寺正觉宏智、如净的默照禅风，提倡"只管打坐，身心脱落"，主张修证一如，成为日本曹洞宗的鼻祖。孝明天皇赐其为"佛法东传国师"。后明治天皇又增赐"承阳大师"谥号。著有《正眼法藏》《永平清规》《传光布报录》等。道元问禅佳话的背后，反映了南宋时期中日两国佛教的友好交流。其后，道元的弟子寒岩义尹、彻通义介及大批日本曹洞宗信徒赴天童寺参拜，进一步推动了日本与浙江之间佛教文化交流的发展。

（二）元明清时期浙江海洋文化交流

空前辽阔的版图和开放的海洋贸易政策，大大促成了浙江海洋文化交流的鼎盛。与之前浙江海洋文化交流所不同的是，元代浙江海洋文化交流的对象从传统的东北亚区域扩展到东南亚和欧洲国家，不仅有大量浙江文人通过海路交通接触到海外各国的各种文化，也有很多海外人士来到浙江沿海从事文化交流活动，其中比较有名的就是马可·波罗和周达观。

马可·波罗（Marco Polo，1254—1324），出生于克罗地亚考尔楚拉岛，意大利旅行家、商人，著有《马可·波罗游记》。他于元世祖至元十二年（1275）从意大利来到中国，游遍中国各地，至元二十八年（1291）回国。他把游历中国的经历写成一本游记，详细记录了元代中国的政治事件、物产风俗等，其中就有对浙江等中国沿海地区的叙述。作为第一个来到浙江的西方旅行家，马可·波罗曾多次到访杭州。在著作中，他称杭州是世界上最富丽、最名贵的城市。马可·波罗认为杭州城市非常大，有1.2万余座石桥，城内有12种职业，每种有1.2万余户。他在书中详细介绍了西湖的美景，及游人乘坐游船的长度、构造、人数等。除此之外，他对钱塘江的作用也有所描述，认为钱塘江有净化环境的作用，城市的污水经过河渠流入钱塘江，再流向海洋。他在游记中还记载了杭州城内包括家业、生育、丧葬、交际、饮食、服饰、占卜等的民间习俗，认为城中之人多穿丝绸，居民举止安静，交往亲密而且彼此尊敬。在马可·波罗的描述中，杭州的交通和生活设施已经十分先进。城市主干道都由砖石铺成，不沾泥土，且有排水沟排泄雨水，以保证道路的干燥。另外，马可·波罗在对浙江的描述中除了杭州还提到澉浦城，并称澉浦在当时是一个繁荣的贸易港口，停靠船舶很多，运载货物往来印度及其他国家。总体而言，他的游记对于研究浙江海洋文化交流提供了一份珍贵的史料。元代前往浙江的外国旅行家除了马可·波罗外，还有同样来自意大利的鄂多立克（Odoric，1265—1331）、元末来华的马黎诺里（Giovanni dei Marignolli，生卒年不详，1342—1346年在华），以及摩洛哥人伊本·白图泰（Ibn Battuatah，1304—1377）。

周达观（约1266—1346），元代地理学家，字达可，号草庭逸民，浙江温州永嘉人。元灭南宋后，曾伐占城和安南，并入侵真腊，即今之柬埔寨，但受地理及气候所阻，并未成功，因此，元廷改用招抚方法，遣使说服真腊及邻近小国自动归附，周达观是使节团成员。元贞元年（1295）2月，使节团离开明州，同月于温州港放洋，并于3月15日抵占城。其后因逆风及值内河水道浅水期，故延至7月才抵真腊国都吴哥。他们并非因交涉或谈判拖延了时间，而是要待翌年西南季风起及大湖水涨才能回航，所以于吴哥逗留约1年。大德元年（1297）6月才启程回国，并于8月12日抵宁波，旅程历时一年半。周达观回国后据所见所闻撰成《真腊风土记》一卷。此书最迟于元武宗至大四年（1311）完成，全文约8500字，分为41节。该书详细记载了当地的山川草木、城郭宫室、风俗信仰、工农业贸易及所取途径等，是珍贵的国际历史文献，有法、英、日文等多种译注本。

元代浙江是中国江南的佛教中心，日本很多来中国学习佛经的僧人大多前往浙江各地的佛寺。据统计，元代来华日本名僧达220人，其中有59人前来浙江。同时，应日本邀请，东渡日本传播佛教的浙江名僧也有10多人。两国名僧的往来促进了双方以佛教为主的文化交流。日本来浙僧人的足迹遍及今杭州、宁波、温州、台州、嘉兴、舟山等浙江沿海区域，其中以杭州和宁波为多。其中留浙学习时间较长的日本僧人有可庵圆慧，在浙学习12年；龙山德见，在庆元天童寺学习，留浙学习长达45年；远溪祖雄，在天目山学习7年。这一时期，前往日本的浙江名僧有庆元普陀山高僧一宁禅师及道隐禅师。随着中日佛教文化交流的加深，中国的印刷、汉文字、书画、园林建筑等都对日本社会产生了较大的影响。同时，日本的顶相赞、偈颂、法语等之类的艺术品也经由浙江传入中国。

明朝初期，尽管国家实行严格的海禁政策，但中国与外国的文化交流仍在持续，只是相比宋元时期的热闹景象清淡了很多。这一时期，浙江文人主动出海远航，撰写了关于国外风俗的各种著作，其中比较有名的有马欢的《瀛涯胜览》。

马欢，字宗道，别字汝钦，号会稽山樵，浙江会稽（今绍兴）回族人，信奉回教，通晓阿拉伯语，任通事（翻译官），航海家，曾随三宝太监郑和于永乐十一年（1413）、永乐十九年（1421）和宣德六年（1431）三次下西洋，到访占城、爪哇、旧港、暹罗、古里、忽鲁谟斯、满剌加、亚鲁国、苏门答腊、锡兰、小葛兰、柯枝、古里、祖法儿等国家。马欢将下西洋时亲身经历的二十国的国王、政治、风土、地理、人文、经济状况记录下来，在景泰二年成书，名为《瀛涯胜览》。该书是明代中国人留下的对现今南海以西海洋及沿海各国地理物产、风俗民情的最完整的记录，既是郑和下西洋壮举的真实记录，也是后人研究15世纪亚洲、非洲地理和中外交通的重要资料。

明代时期，在朝贡贸易的带动下，很多日本学者随着朝贡使团前往中国，而浙江宁波就是日本朝贡贸易指定的唯一通商港口。这些来浙江的日本学者中最具有代表性的就是策彦周良。

策彦周良（1501—1579），字策彦，名周良，号谦斋禅师，京都天龙寺妙智院高僧。嘉靖十七年（1538），策彦被幕府将军足利义晴任命为遣明副使。次年五月，他随湖心硕鼎正使率大内氏所遣勘合船3艘抵达定海，由总兵护送至宁波口岸。嘉靖十九年（1540）三月，使团进京，贡马及献方物。同年六月返回日本。嘉靖二十八年（1549）六月，策彦又被任命为正使，率领大内氏所遣勘合船4艘进抵定海。因距贡期早了一年，策彦一行未许登陆上岸。直到次年三月经浙江巡抚朱纨奏请，才准许贡船进入宁波。嘉靖二十九年（1550）五月，在完成使命后自宁波起程回国。

在策彦两次入明的5年内，因在宁波等待入京和起航放洋，他探访名胜古迹，广结当地文人学士，留下了许多佳话。初次入明停留宁波期间，他瞻仰孔庙，参拜佛寺，参观贺知章祠，并在丰氏藏书楼阅读了大量藏书。同时他请丰坊为其所作《城西联句》作序。丰坊在序中称赞说："吾今观公之诗，言近而旨远，词约而思深。写难状之景，如在目前；含不尽之意，见于言外。"丰坊的这个手迹至今仍珍藏于日本。其间策彦的宁波文友还送给他一批书籍，如柯雨窗的《古文大全》，方梅崖的《詹仲和遗墨》《老坡古迹》等。策彦归国前夕，柯雨窗在他的画像上题写了赞语，这幅题写了赞语的画像现珍藏于日本京都妙智院。临行时，柯雨窗和一批与之相交的友人都到江边为他饯行，雨窗当场画了一幅宁波东门江滨送别图，并题首"衣锦荣归"。黄允中则在《赠怡斋禅师衣锦荣归赋》中刻意描述了感人的送别场景。

第二次入明停留宁波期间，他又与丰坊、黄允中、柯雨窗、叶寅斋、方梅崖、屠月鹿、董秋田、包吉山、赵月川、万英等故交多有交流。同时以其所居住的嘉宾馆为中心，寻访城内名胜古迹，如宁波府衙、市舶司、安远驿、迎恩驿、寿昌寺、补陀寺、月湖贺知章祠、四明驿、尚书桥、董孝子庙、延庆寺、天宁寺、城隍庙、孔庙、石将军庙等。丰坊为之作《谦斋记》。归国之日，方梅崖和屠鹿月、董秋田、包吉山等绘制《谦斋老师归日域图》相赠。叶寅斋又亲笔为该画题序，序中有诗曰："即今帆归不可留，崇看饯别鄞江皋。十年再会岁月老，今宵尽饮须酕醄。"赵月川还特地赋诗相赠。除了与文人交流切磋，策彦在使明期间，通过多种途径收集各种典籍20余种携回日本。

　　回国以后，策彦周良将两次入明的经过，用汉文写成《初渡集》4卷、《再渡集》2卷。书中以日记形式详细记录了奉使明朝的行程、交涉经过及在中国的所见所闻，成为研究中日交流史的重要文献。

　　明清交替时期，由于战乱的影响及清初政府对浙江沿海实行的迁界政策，大批浙江沿海士人和僧侣远渡重洋避难日本，将浙江的文化、医学和学术思想也一并传入日本，其中比较有名的就是朱舜水。

　　朱之瑜（1600—1682），字楚屿，又作鲁屿，号舜水，汉族，浙江绍兴府余姚县人，明末贡生，明清之际学者、教育家。朱之瑜从小聪颖好学，却轻视功名。清军南下江南后，朱之瑜积极从事抗清斗争。清顺治十六年（1659），朱之瑜看到清政权日趋坚固，复明无望后流亡日本。在日本期间，水户藩藩主德川光圀聘请他到江户（今东京）讲学，执弟子礼，许多著名学者都慕名来求学。朱之瑜在讲学时摒弃了儒家学说中的空洞说教，提倡"实理实学、学以致用"的思想，对日本水户学有很大影响。他还把中国先进的农业、医药、建筑、工艺技术传授给日本人民。朱之瑜死后，他讲学的书札和问答由德川光圀父子刊印成《朱舜水文集》二十八卷。

　　清代前中期，随着国家海禁政策的日益收紧，浙江沿海对外交流的渠道逐渐缩小，浙江与外国的文化交流更多的是随着海洋贸易线路进行的图书等文化载体的传播。不过在这一时期，仍有不少西方旅行家前来中国，并救下了不少涉及浙江的著述，让更多海外国家了解浙江。其中比较有代表性的有意大利传教士卫匡国于顺治十一年（1654）在欧洲出版的《鞑靼战纪》《中华帝国图》，罗马尼亚籍俄国大使尼古拉·斯帕塔鲁·米列斯库出版的《中国漫记》。晚清民国时期，随着中国的开放，大批传教士和外国商人前来浙江沿海从事各种商业和文化活动。同时，浙江沿海居民在感受到时代变迁的同时，将大批子弟送往海外留学或直接移民海外，使得浙江与世界各国的文化交流日益频繁。

参考文献

［1］童隆福.浙江航运史（古代近代部分）［M］.北京：商务印书馆，1979.

［2］木宫泰彦.日中文化交流史［M］.胡锡年，译.北京：商务印书馆，1980.

［3］张震东，杨金森.中国海洋渔业简史［M］.北京：海洋出版社，1983.

［4］孙光圻.中国古代航海史［M］.北京：海洋出版社，1989.

［5］郑绍昌.宁波港史［M］.北京：人民交通出版社，1989.

［6］浙江省盐业志编纂委员会.浙江省盐业志［M］.北京：中华书局，1996.

［7］杨国桢.明清中国沿海社会与海外移民［M］.北京：高等教育出版社，1997.

［8］浙江省水产志编纂委员会.浙江省水产志［M］.北京：中华书局，1999.

［9］李伯重.江南的早期工业化：1550—1850年［M］.北京：社会科学文献出版社，2000.

［10］万明.中国融入世界的步履——明与清前期海外政策比较研究［M］.北京：社会科学文献出版社，2000.

［11］黄纯艳．宋代海外贸易［M］．北京：社会科学文献出版社，2003.

［12］金普森，陈剩勇．浙江通史（十二卷本）［M］．杭州：浙江人民出版社，2005.

［13］王慕民，张伟，何灿浩．宁波与日本经济文化交流史［M］．北京：海洋出版社，2006.

［14］陈国灿．浙江城镇发展史［M］．杭州：杭州出版社，2008.

［15］傅璇琮．宁波通史（五卷本）［M］．宁波：宁波出版社，2009.

［16］王万盈．东南孔道——明清浙江海洋贸易与商品经济研究［M］．北京：海洋出版社，2009.

［17］刘恒武．宁波古代对外文化交流［M］．北京：海洋出版社，2010.

［18］乐承耀．宁波经济史［M］．宁波：宁波出版社，2010.

［19］胡丕阳，乐承耀．浙海关与近代宁波［M］．北京：人民出版社，2011.

［20］郭泮溪，侯德彤，李培亮．胶东半岛海洋文明简史［M］．北京：中国社会科学出版社，2011.

［21］马丁．民国时期浙江对外贸易研究（1911—1936）［M］．北京：中国社会科学文献出版社，2012.

［22］曲金良，等．中国海洋文化史长编［M］．青岛：中国海洋大学出版社，2013.

［23］杨凤琴．浙江古代海洋诗歌研究［M］．北京：海洋出版社，2014.

［24］苏勇军．明代浙东海防研究［M］．杭州：浙江大学出版社，2014.

［25］白斌．明清浙江海洋渔业发展与政策变迁研究［M］．北京：海洋出版社，2015.

［26］白斌，叶小慧．浙江近代海洋文明史（民国卷）［M］．北京：商务印书馆，2017.

［27］陈君静．浙江近代海洋文明史(晚清卷)［M］．北京：商务印书馆，2017.

［28］贾庆军，钱颜惠．浙江古代海洋文明史(明代卷)［M］．北京：中国社会科学出版社，2017.

［29］孙善根．浙江近代海洋文明史(民国卷)［M］．北京：商务印书馆，2017.

［30］白斌，刘玷婷，刘颖男．宁波海洋经济史［M］．杭州：浙江大学出版社，2018.

［31］白斌，张如意．蓝色牧场：话说浙江海洋渔业文化［M］．杭州：浙江大学出版社，2018.

［32］毛海莹．东海问俗：话说浙江海洋民俗文化［M］．杭州：浙江大学出版社，2018.

［33］祁慧民．满歌东海：话说浙江海洋音乐文化［M］．杭州：浙江大学出版社，2018.

［34］张如安．沧海寄情：话说浙江海洋文学［M］．杭州：浙江大学出版社，2018.

后 记

从20世纪90年代开始，海洋史学的研究随着国家海洋经济的发展及国家海洋发展战略的提出而逐渐成为研究的热门领域。我有幸在宁波大学攻读硕士学位期间跟随王慕民教授踏入该领域的研究大门。当时宁波大学刚刚申请下来浙江省哲学社会科学重点研究基地"浙江省海洋文化与经济研究中心"，我有幸参与了当时中心的第一次专家论证会和课题评审会，其中的很多建议使我受益良多，也坚定了我选择海洋史学作为研究方向的决心。当时中心的研究人员主要由文学院、商学院、法学院和外语学院的老师组成，良好的平台环境使得我在研究过程中能追踪最新的研究成果，同时也让我将成为一名高校老师作为自己的志向。在王慕民教授和周育民教授的先后指导下，我从事明代浙江海洋政策和明清浙江海洋渔业经济的研究，这些内容最终形成我的硕士和博士毕业论文。

2012年从上海师范大学博士毕业后，我有幸回母校工作，继续从事海洋经济史领域的研究工作。当时的宁波大学引进了一大批青年教师，浙江省海洋文化与经济研究中心的平台进一步扩充，包括地理学在内的很多其他学科的老师加入研究中心的队伍，我也有幸在博士论文的基础上成功申报中心课题，继续完善我关于浙江渔业经济史的研究，同时也参与到陈君静教授主持的中心重点课题"浙江近代海洋文明史"中。陈君静教授的课题与早一年立项的王万盈教授主持的"浙江古代海洋文明史"课题构成了浙江海洋文明史的整个发展脉络，当时的中心也希望能通过这两个课题的成果完整勾勒出浙江海洋文明发展的脉络，为进一步的区域海洋政治史、经济史、文化史、科技史等相关问题的研究打下基础。从当时的立项时间来看，如果能顺利结题，浙江将是中国沿海区域第一个完成区域海洋文明史研究的省份。不过出于种种原因，浙江近代海洋文明史（三卷本）经过多年延期后最终得以出版，而浙江古代海洋文明史（四卷本）目前只完成了明代卷。

2018年我申请的浙江省科普重点课题其实是中心自2006年成立以来诸多对浙江海洋史研究成果的汇总和融合，非学术型的写作体例使我能在其中融入更多自己的一些想法，也能让更多的人了解我们的工作，了解浙江沿海社会在漫长历史时期的政治、经济和文化活动。原本的课题大纲是按照年代顺序撰写，但由于自身的学术浅薄，对浙江古代史的研究很少，形成的初稿笔墨大多集中在明代以后，而这作为一本通俗读物可读性是非常差的。之后，根据诸多同行的建议，我以专题形式编订全书的大纲，并在此基础上重新修改内容。我自己撰写了本书的主体章节，我的学生顾苗央润色了全书的文字，使其更加简单通俗，以便读者阅读。也感谢中心当时诸多研究人员的前期研究成果并允许我在本书中对其引用，包括但不限于以下人员：陈君静老师、张伟老师、孙善根老师、刘恒武老师、王万盈老师、张如安老师、贾庆军老师、苏勇军老师、杨凤琴老师、刘玉婷老师、刘颖男老师。正是诸多前辈的诸多学术成就使得我能在较短的时间内完成本书的撰写工作，期望本书能吸引更多人关注或从事浙江海洋史的研究。

白斌

2019年9月于宁波大学